化学物质与新污染物环境治理体系

臧文超 等 著

中国环境出版集团·北京

图书在版编目（CIP）数据

化学物质与新污染物环境治理体系/臧文超等著. —北京：中国环境出版集团，2022.7（2024.11 重印）

ISBN 978-7-5111-5169-8

Ⅰ. ①化… Ⅱ. ①臧… Ⅲ. ①环境污染－污染防治－研究 Ⅳ. ①X5

中国版本图书馆 CIP 数据核字（2022）第 098323 号

责任编辑	孔 锦
封面设计	岳 帅
出版发行	中国环境出版集团
	（100062 北京市东城区广渠门内大街 16 号）
	网　　址：http://www.cesp.com.cn
	电子邮箱：bjgl@cesp.com.cn
	联系电话：010-67112765（编辑管理部）
	010-67112735（第一分社）
	发行热线：010-67125803，010-67113405（传真）
印　　刷	北京中科印刷有限公司
经　　销	各地新华书店
版　　次	2022 年 7 月第 1 版
印　　次	2024 年 11 月第 2 次印刷
开　　本	787×1092　1/16
印　　张	14.25
字　　数	240 千字
定　　价	85.00 元

【版权所有。未经许可，请勿翻印、转载，违者必究。】

如有缺页、破损、倒装等印装质量问题，请寄回本集团更换。

中国环境出版集团郑重承诺：
中国环境出版集团合作的印刷单位、材料单位均具有中国环境标志产品认证。

著作委员会

主　　任　臧文超

副 主 任　林　军　卢　玲　李仓敏

著　　者　（按姓氏拼音排序）

葛海虹　胡俊杰　蒋京呈　李仓敏　林　军　刘洪英

刘晓建　卢　玲　马　燕　毛　岩　潘　寻　孙锦业

滕晓明　王燕飞　杨　琨　杨　力　杨　力（女）

于相毅　于　洋　臧文超　张瀚心　张丽丽　张　杨

赵　静　郑玉婷

前 言

新污染物治理是化学品环境管理领域乃至整个环境污染治理工作的一个新阵地。党中央高度重视新污染物治理问题,习近平总书记多次强调要重视新污染物治理。《中华人民共和国国民经济和社会发展第十四个五年规划和2035年远景目标纲要》《关于深入打好污染防治攻坚战的意见》做出明确部署,要求制订并实施新污染物治理行动方案,凸显了新污染物治理的重要意义和紧迫性。

我国是化学品生产、使用大国,有毒有害化学物质的生产、使用及其排放是新污染物的主要来源。而我国化学品环境管理起步晚,存在底数不清、科研基础弱、顶层设计缺乏、治理体系尚未建立、治理能力严重不足等情况。充分认识、识别化学物质找出有毒有害化学物质,通过评估确定应重点监管的化学物质和新污染物,进而采取环境风险管控与治理措施,实现改善环境质量的目标是一项系统工程。因此,以新污染物治理为抓手,强化化学物质全生命周期环境风险管理是落实党中央决策部署的具体举措,是污染防治攻坚战向纵深推进的必然结果,是生态环境质量持续改善进程中的内在要求,对国内治理和履行公约具有统筹整合的作用。

生态环境部固体废物与化学品管理技术中心作为"新污染物治理行动方案"编制组成员之一,长期从事化学物质环境管理技术支撑工作。本书依托化学物质及新污染物环境治理技术支撑和科技部基础性工作专项"典型湖泊流域化学品生产使用及排放情况调查"(2015FY110900-01)的研究成果,结合作者团队实际工作经验,立足化学物质全生命周期环境风险管理，系统论述了化学物质与新污染物环境治理体系。全书分为7章，围绕化学物质环境管理历程、化学物质环境管理法规政策、化学物质信息收集、化学物质筛查技术、化学物质环境风险评估技术、化学物质风险预测技术和环境风险评估在新化学物质环境管理中的应用等进行了专题研究探讨。第1章由胡俊杰、李仓敏、赵静、王燕飞、孙锦业、毛岩、臧文超撰写；第2章由李仓敏、潘寻、胡俊杰、滕晓明、杨琨、杨力、孙锦业撰写；第3章由赵静、葛海虹、杨力（女）、潘寻、孙锦业撰写；第4章由王燕飞、蒋京呈、林军、卢玲撰写；第5章由于相毅、张杨、张瀚心、毛岩撰写；第6章由郑玉婷、张丽丽、于洋、臧文超撰写；第7章由刘洪英、刘晓建、杨琨、马燕、杨力、滕晓明撰写。

  本书力求全面客观、深入浅出，既介绍国际情况，又体现中国国情；既突出化学物质环境管理的法规政策管理层面，又注重对化学物质环境风险认知与评估的技术方法与科学层面。鉴于化学物质环境风险管理与新污染物治理是一个我们必须面对的新课题，因此，希望本书能够有助于社会各界了解化学物质及新污染物，起到科普作用；有助于各级政府有关管理部门知晓化学物质管理及新污染物治理政策工具，起到政策启示作用；有助于致力于化学物质及新污染物有关科学研究的科研人员找到攻关难点，起到促进科学引领作用。

  在本书撰写过程中，得到了相关政府部门的工作人员、专家学者的大力支持和帮助，在此表示衷心感谢。由于作者时间和水平有限，书中难免存在疏漏与不妥之处，恳请广大读者批评指正。

著　者
2021年12月

目 录

第1章 概 述 1
1.1 化学物质与新污染物 1
1.2 化学物质环境管理国际经验 4
1.3 我国化学物质环境管理探索 12
1.4 化学物质与新污染物环境治理体系 19

第2章 化学物质环境管理法规政策 22
2.1 欧盟化学物质环境管理法规政策 22
2.2 美国化学物质环境管理法规政策 27
2.3 日本化学物质环境管理法规政策 30
2.4 加拿大化学物质环境管理法规政策 34
2.5 我国化学物质环境管理法规政策 39

第3章 化学物质信息收集 44
3.1 欧盟化学物质注册 44
3.2 美国化学物质数据报告 49
3.3 日本化学物质申报 56
3.4 韩国化学物质流通统计调查 59
3.5 我国化学物质环境信息调查 67

第4章 化学物质筛查技术 74
4.1 欧盟化学物质筛查技术 74
4.2 美国化学物质筛查技术 82

4.3　日本化学物质筛查技术 92
　　4.4　加拿大化学物质筛查技术 99
　　4.5　我国化学物质筛查技术研究 102

第 5 章　化学物质环境风险评估技术 110
　　5.1　欧盟化学物质风险评估 110
　　5.2　美国化学物质风险评估 116
　　5.3　日本化学物质风险评估 120
　　5.4　澳大利亚化学物质风险评估 133
　　5.5　我国化学物质风险评估 143

第 6 章　化学物质风险预测技术 152
　　6.1　发达国家（地区）化学物质风险预测技术管理要求与机构 152
　　6.2　发达国家（地区）常用的计算毒理学模型 164
　　6.3　我国计算预测技术发展与展望 169

第 7 章　环境风险评估在新化学物质环境管理中的应用 179
　　7.1　新化学物质环境管理在新污染物治理体系中的作用 179
　　7.2　新化学物质环境风险评估的中国案例解析——筛查机制 181
　　7.3　新化学物质环境风险评估的中国案例解析——危害评估 183
　　7.4　新化学物质环境风险评估的中国案例解析——暴露评估 192
　　7.5　新化学物质环境风险评估的中国案例解析——环境与健康风险表征 194

附录 1　美国 2020 年 CDR 报告表 199

附录 2　日本化学物质申报表 207

附录 3　韩国 2019 年化学物质统计调查表 213

第1章 概 述

现代社会，化学物质已经无所不在。化学物质推动了人类社会的进步，同时也带来了不可忽视的安全风险、健康风险和环境风险。健全化学物质管理，兴利除害，最大限度地降低有毒有害化学物质的生产、使用及其排放对人类健康和生态环境的重大影响，是全球的共识和共同面对的挑战。

从全球生态环境保护与污染治理的规律来看，发达国家工业化比我国早几十年，污染治理都是从感官能够判断的"显性"污染（如雾霾、黑臭水体等）开始，最终转向污染物的本质——化学物质环境管理，通过减少或去除环境介质中的有毒有害化学物质，实现生态环境质量的根本改善。

从各国化学物质管理进程与技术方法的经验来看，国际社会早在20世纪70年代就兴起了化学品环境管理运动，并建立针对化学品的专门立法。主要发达国家和地区都致力于加强本国/地区的化学物质风险筛查、评估与管理，不断限制或淘汰"问题"化学物质。随着对化学物质认识和管理的不断深入，提出了由化学物质危害性管理向风险性管理的转变，并付诸实施，进而提出了与传统经典污染物不同的新型污染物问题。

纵观国际化学物质环境管理发展路径，厘清国内外化学物质环境管理政策技术脉络，明晰中国现状、问题与发展方向，建立"筛选—评估—管控"逐级识别与分类管理的政策工具与技术方法，构建化学物质与新污染物环境治理体系是本书论述所遵循的一条主线。

1.1 化学物质与新污染物

对化学物质风险认识的觉醒普遍被认为源自1962年出版的《寂静的春天》，该书首次让人们形象地认识到化学物质滥用可能引发的环境灾难。相继发生的公害事件，也不断提醒人们需要正确审视化学物质的利与弊，化学物质健全管理逐渐进入全球环境领域。

危害事件的频繁发生引发了社会强烈阵痛,也加速了化学物质管理的进程。自20世纪60年代开始,发达国家陆续发布一系列法律文件对化学物质风险实施控制,如欧盟的《关于危险物质分类、包装与标签的指令》(67/548/EEC)、《关于某些危险物质和制剂限制销售和使用的指令》(76/769/EEC)、《关于评估和控制现有物质风险法规》[(EEC)793/93]、日本的《化学物质审查与生产控制法》(1973)、美国的《有毒物质控制法》(1976)等,化学物质管理真正进入了历史舞台,成为发达国家环境治理的重要组成部分。这些法律文件将一套针对化学物质风险控制的管理路线和做法确立起来。尽管各国化学物质管理机制不同,但都秉承了一致的管理原则和理念,即以风险预防为核心的全生命周期管理,这也是化学物质管理不同于其他环境要素管理最为突出的特征,而化学物质的产品特性也使得化学物质与环境和经济均产生密不可分的联系。2006年,欧盟推出《化学品注册、评估、授权和限制的法规》(Reagulation concerning the Registration, Evaluation, Authorisation and Restriction of Chemicals,以下简称REACH法规),明确提出REACH法规的立法目标是为人类健康和环境提供高水平保护的同时,增加工业界的竞争力和创新力。

经过多年的发展,化学物质管理已成为当下国际社会环境领域的重点,一方面反映了化学物质风险控制成为发达国家继大气、水体等环境要素治理趋于成熟后面临的新任务和新挑战;另一方面也凸显出化学物质管理作为环境深度治理根本要素的基本特征。

早在1992年联合国环境与发展大会上,"化学物质无害化管理"就已被写入《21世纪议程》,成为可持续发展战略的重要内容之一。《21世纪议程》给出了化学物质管理的六大关键领域,包括扩大和加速化学物质风险评估、化学物质统一分类和标签、制订化学物质风险减少方案、加强国家化学物质管理能力建设、化学物质信息共享以及防止有毒和危险化学品非法国际贸易等。2002年"可持续发展世界首脑会议"确定的《约翰内斯堡执行计划》,进一步确立了全球化学物质管理的总体战略目标,即基于科学的风险评估与风险管理,力求最大限度减少化学物质生产使用对健康和环境的不利影响。这些战略目标和方案是国际化学品管理一直以来的宗旨,并发展成为《国际化学品管理战略方针》(2006)的核心内容。

据美国化学文摘社统计,目前世界上已有超过1.9亿种化学物质,由这些化学物质构成的化学品超过 10 万种。一方面，人们对众多化学物质的固有危害性仍缺乏足够的研究与认识；另一方面，化学物质可通过生产、加工、使用、消费、处置的全过程与人体和环境发生接触和暴露，带来风险。图 1-1 为化学物质环境暴露的主要途径。正是这种暴露的特点，使得不断出现的"新污染物"（Emerging Pollutants 或 Emerging Contaminants）进入了环境治理领域。所谓"新污染物"，究其根本，就是化学物质生产使用后进入环境的产物，包括化学物质本身，以及它们降解和转化的产物。自 2018 年开始，"新污染物"治理已在国家级政策文件中屡次提及，但对"新污染物"的治理则需要回归到化学物质去审视和分析。

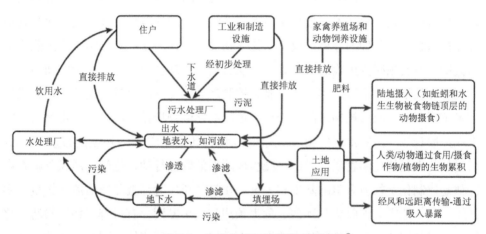

图 1-1　化学物质环境暴露主要途径[①]

国际并无"新污染物"的统一界定，但"新污染物"的管理内涵趋同，如欧盟《关于水环境优先污染物的指令》（2013/39/EU）提出，"新污染物"是指那些在欧盟层面目前还未被纳入日常监测项目、但可能构成较大风险而需要作为管理对象的污染物，这取决于它们潜在的生态毒性、健康毒性效应以及它们在水环境中的赋存水平。美国国家环境保护局（以下简称 EPA）水办公室对"新污染物"的界定是未包含在常规监测项目中、但可能成为未来法规对象的污染物，这取决于它们的生态毒性、健康效应、公众认知以及它们在环境介质的检出频率。为了识别并实施管控"新污染物"，欧盟 2013/39/EU 建立了观察清单（Watch List），

---

① 引用 Contaminants of Emerging Concern in Water。

通过跟踪监测清单物质，更新和优化对"新污染物"的管控，而列入 Watch List 的正是那些具有危害性、可进入环境引发风险的化学物质。

无论是化学物质还是"新污染物"，其风险控制的核心就是对化学物质的危害性、风险性的识别与控制，平衡化学物质重要社会经济价值与其带来的环境健康风险之间的关系，使得化学物质的风险需要创新一种新型的管理方式加以管理。20 世纪 90 年代以来，国际社会对于化学物质的风险管理已形成一套成熟的管理体系和方法，体系覆盖三个主要方面，即"筛选""评估"和"管控"，其中"筛选"在于识别具有潜在风险的化学物质，明确不同责任主体在数据产生、数据鉴别、分类标识及风险筛查的责任和要求；"评估"是确定化学物质的实际风险状况，确定哪些化学物质存在不可接受风险而需要纳入管理的范畴，并开展对化学物质管控技术和经济条件的分析与权衡。化学物质"管控"是针对化学物质风险产生的关键环节实施减少风险的技术方案。从目前的管理经验来看，化学物质的管控措施主要包括采取用途的禁止或限制、控制产品中高风险化学物质的含量、通过技术革新和技术改造控制产品生产使用过程的化学物质排放，以及在生产消费的末端采取有效的污染治理措施，最大限度地减少化学物质进入环境的数量。然而，面对如此大量的化学物质，相比"减少风险"的管控行动，化学物质风险筛查和评估是控制化学物质风险的基础和关键。化学物质风险筛查和评估涉及大量关键技术，包括危害数据收集与评估、危害预测与危害鉴别、有毒有害物质筛选、化学物质风险评估以及风险评估中关键技术数据获取与预测等。围绕这些关键技术内容，本书梳理和总结了一些主要发达国家和我国的相关做法。

1.2　化学物质环境管理国际经验

1.2.1　历史沿革

20 世纪 30—60 年代，国际上发生了震惊世界的"八大公害事件"。其中，日本水俣病事件、富山痛痛病事件、米糠油事件等都是因为多氯联苯以及汞、镉等重金属造成的污染事件。1962 年，《寂静的春天》在美国问世，作者蕾切尔·卡逊用生动的语言描述了化学农药对人类环境的危害，人类可能将面临一个没有鸟、蜜蜂和蝴蝶的世界。该书在世界范围内引发了公众对环境问题的关注，唤起了人们的环境意识。

（1）发达国家的化学物质立法响应

随着化学物质造成的环境和社会危害日益严重，很多发达国家通过建立法规制度，开展积极的管理行动规避化学物质造成的环境风险。

1968年，日本发生了米糠油事件，由多氯联苯引发的环境污染问题引起了人们的重视。日本政府发现，为了保护人体健康和环境，已实施的《大气污染防治法》《水污染防治法》《废弃物处置法》《劳动安全卫生法》等法规中主要关注的是劳动者在直接生产中使用化学物质，以及工厂通过烟囱、排水口或向周围环境排放废弃化学物质等方面对人体健康和环境的影响，而多氯联苯引起的环境污染问题，则是化学物质在用于产品之后，这些产品在日常使用、消耗、废弃的过程中不断释放于周围环境，形成对环境的污染后，最终对人体健康造成慢性危害。日本政府认为多氯联苯问题属于新型环境污染问题，仅凭当时已有法令难以做到有效管制。1973年，日本颁布了《化学物质审查与生产控制法》（以下简称《化审法》），要求新化学物质在生产或进口前进行登记审查，并对类似多氯联苯具有持久性、生物累积性和毒性的化学物质在生产、使用和进口方面进行严格管理。《化审法》是世界上第一部化学品专项法规，具有划时代的意义。

1976年，美国颁布《有毒物质控制法》（*Toxic Substances Control Act*，TSCA，以下简称TSCA法），要求新化学物质在生产或进口前进行申报，必要时企业要开展危害测试，并建立了包括对工业化学品报告、记录、测试和使用限制等要求在内的一整套化学品管理制度。在TSCA法颁布之前，美国对有毒化学物质的管理分散于其他立法中，如《水污染控制法》《清洁空气法》对有毒化学物质的管理作了规定，但必须是排入空气或水中的化学物质才适用该法规，《职业安全与卫生法》和《消费品安全法》仅管理化学物质的一个方面或某个环节。因此，TSCA法是美国历史上第一部管理和控制有毒化学物质生产和使用的立法，在美国环保立法史上具有重要地位。

1976年，为了保护公众、工人以及生态环境，提高人类生活质量，欧盟发布了《关于某些危险物质和制剂限制销售和使用的指令》，限制了如多氯联苯、多氯三联苯等危险化学物质的销售和使用，后来经多次修订，限制的化学物质不断增加。1979年，为了保护人类和环境免受新化学物质投放市场可能产生的潜在风险，欧盟对67/548/EEC进行了第六次修订，发布了指令79/831/EEC，增加了对新化学物质登记的要求；1992年，欧盟对67/548/EEC进行了第七次修订，发布了指令92/32/EEC，对新化学物质申报的内容和要求进行了细化。1988年，欧盟发布了《关于危险配制品分类、包装和标签的指令》（88/379/EEC），规定了危险配制品的分类标准和方法（1999年修订为1999/45/EC）。1993年，欧盟发布了《关于评估和控制现有物质风险的法规》[（EEC）793/93]，要求对高产量的现有化学物质进行登记，并筛选出优先评价物质进行风险评估。1998年，欧盟委员会对当时已有的化学物质主要法规的实施情况进行评估并发布了评估报告，主要法规涉及67/548/EEC、76/769/EEC、88/379/EEC、（EEC）793/93 4部。针对法规在实施中存在的问题，2001年，欧洲议会和欧盟理事会发布《未来化学品政策战略白皮书》，提出了新的化学品管理体系——REACH体系，包括化学物质的注册、评估和授权。2006年12月，欧洲议会通过了REACH法规，于2007年6月1日正式生效，2008年6月1日开始实施。REACH法规的颁布实施，对全球贸易和环境影响巨大且意义深远。

　　1988年，加拿大联邦政府在汇集了5部早期环境法规的基础上颁布了综合性立法——《环境保护法》（*Canadian Environmental Protection Act*，以下简称CEPA1988），取代了此前实施的环境污染物法、大气法、水法、海洋倾废法和环境法。该法规旨在解决与"有毒"物质相关的多重问题，通过采用更具综合性的方法来开展"有毒"物质从摇篮到坟墓的全生命周期管理。其中，"有毒"物质是指进入或可能以一定数量或浓度进入环境，且对环境或其生物多样性具有或可能具有直接或长期的有害影响，对环境构成或可能构成危害，对人体健康构成或可能构成危害的化学物质。CEPA1988持续关注加拿大当时所使用的数千种化学物质的分类、识别和管理，以及新化学物质的管理。根据CEPA1988第139条的规定，在该法规公布实施5年后，需要对其实施状况加以审查。1994年，加拿大联邦众议院环境与可持续发展常设委员会（以下简称委员会）负责对CEPA1988实施5年之后的修改，并把可持续发展作为其政策目标。委员会强调，加拿大《环境保护法》的重点必须从事后的已经产生的污染处理转向最初产生污染的预防。1999年9月，《加拿大环境保护法1999》（*Canadian Environmental Protection Act 1999*，以下简称CEPA1999）在加拿大议会通过，并于2000年3月31日生效。CEPA1999相较CEPA1988在"有毒"物质管理方面主要增加了有毒化学物质危害分类的时间期限、确保最有风险的化学物质逐步淘汰或不释放到环境中等内容。

（2）国际社会的行动

随着国际社会对化学物质等因素引发的全球环境问题日益关注，联合国多次召开全球会议，共商解决方案。

1972年，联合国人类环境会议在瑞典斯德哥尔摩举行，经济发展和环境恶化之间的关系第一次提上国际议事日程。会议通过了《联合国人类环境会议宣言》，呼吁各国政府和人民为维护和改善人类环境、造福全体人民、造福后代而共同努力。为引导和鼓励全世界人民保护和改善人类环境，该宣言提出和总结了7个共同观点，26项共同原则。该会议开创了人类社会环境保护事业的新纪元，是人类环境保护史上的第一座里程碑。同年的第27届联合国大会，把每年的6月5日定为"世界环境日"。

1983年，联合国大会成立世界环境和发展委员会，该委员会1987年提交给联合国大会的报告中提出了"可持续发展"的概念，作为完全以无节制的经济增长为基础发展观的替代观点。联合国大会在1992年召开了可持续发展问题世界首脑会议，也称为地球首脑会议。该会议通过了《21世纪议程》，提出了至21世纪在全球范围内各国政府、联合国组织、发展机构、非政府组织和独立团体在人类活动对环境产生影响各个方面的综合行动蓝图，将化学品环境管理列入全球可持续议程中。

2002年，以可持续发展为主题的联合国成员国首脑会议在南非约翰内斯堡举行。会议全面审议《关于环境与发展的里约热内卢宣言》《21世纪议程》及主要环境公约的执行情况，围绕健康、生物多样性、农业、水、能源5个主题，形成面向行动的战略与措施，积极推进全球的可持续发展，并协商通过《约翰内斯堡可持续发展宣言》和《可持续发展世界首脑会议执行计划》。《可持续发展世界首脑会议执行计划》再次做出《21世纪议程》的承诺，对化学品进行健全管理，力求确保在2020年，尽可能减少化学品的生产和使用对人类健康和环境产生严重的有害影响。

2015年，联合国可持续发展峰会在美国纽约联合国总部召开，通过一份推动世界和平与繁荣、促进人类可持续发展的新议程《改变我们的世界——2030年可持续发展议程》，呼吁世界各国在人类、地球、繁荣、和平、伙伴5个关键领域采取行动。这一纲领性文件涵盖17项可持续发展目标和169项具体目标，旨在推动未来15年内实现三项宏伟的全球目标：消除极端贫困、战胜不平等和不公正以及保护环境、遏制气候变化。其中，具体目标 3.9、6.3、12.4 等涉及化学品环境管理相关内容。目标提出到 2030 年，大幅减少危险化学品以及空气、水和土壤污染导致的死亡和患病人数；把危险化学品和材料的排放减少到最低限度；根据商定的国际框架，实现化学品和所有废物在整个存在周期的无害环境管理，并大幅减少它们排入大气以及渗漏到水和土壤中的概率，尽可能地降低它们对人类健康和环境造成的负面影响。

意识到化学品环境管理是一项全球行动，联合国有关机构主持通过了一系列化学物质环境管理的国际公约和法律文书，促进整个国际社会的化学品环境管理工作。

联合国环境规划署（United Nations Environment Programme，UNEP）与联合国粮食及农业组织（Food and Agriculture Organization of the United Nations，FAO）自 20 世纪 80 年代中期开始订立和推动实施自愿性信息交流方案。FAO 于 1985 年制定了《国际农药供销与使用行为守则》（以下简称《国际行为守则》），旨在为所有从事或涉及农药供销及使用的公共和私营实体，尤其是没有国家农药管制法律或此种法律不健全的地方的公共和私营实体提供自愿性行为标准。UNEP 于 1987 年颁布了《关于化学品国际贸易资料交流的伦敦准则》（以下简称《伦敦准则》），旨在通过科技、经济和法律资料的交流，促进化学品的良好管理。1989 年，FAO 对《国际行为守则》、UNEP 对《伦敦准则》进行了修正，均加入了事先知情同意程序并实施。1995 年 5 月，UNEP 理事会第十八届会议决定组成政府间谈判委员会，着手拟定一项有关在国际贸易中对某些危险化学品和农药采用事先知情同意的具有法律约束力的国际文书。1996 年 3 月，政府间谈判委员会成立，就拟定公约进行谈判。1998 年 9 月，第五届政府间谈判委员会全权代表会议在荷兰鹿特丹召开，通过了《关于在国际贸易中对某些危险化学品和农药采用事先知情同意程序的鹿特丹公约》（以下简称《鹿特丹公约》），使其成为具有法律约束力的国际公约。《鹿特丹公约》目标是通过就国际贸易中的某些危险化学品的特性进行资料交流，为此类化学品的进出口规定一套国家决策程序并将这些决定通知缔约方，以促进缔约方在此类化学品的国际贸易中分担责任和开展合作，保护人类健康和环境免受此类化学品可能造成的危害，并推动以无害环境的方式加以使用。

1995 年，面对持久性有机污染物（Persistent Organic Pollutants，POPs）危害

的形势日益严峻，UNEP 呼吁全球应采取一些必要的行动来减少其危害。为了推动 POPs 的淘汰和削减、保护人类健康和环境免受其危害，2001 年 5 月 22 日，《关于持久性有机污染物的斯德哥尔摩公约》（以下简称《斯德哥尔摩公约》）在瑞典首都斯德哥尔摩正式通过。2004 年 5 月 17 日，《斯德哥尔摩公约》正式生效。《斯德哥尔摩公约》旨在限制或消除 POPs 的排放，避免人类健康和环境遭受 POPs 的危害。要求各缔约方采取措施，淘汰或限制公约管制 POPs 名单上的有毒有害化学品的生产和使用。

为保护人类健康与环境免受汞及其化合物人为排放和释放的危害，2009 年，联合国环境规划署第 25 届理事会通过第 25/5 号决议，决定在 2010—2013 年召开政府间谈判委员会会议，以达成全球具有法律约束力的汞文书。2013 年 1 月在瑞士日内瓦召开的政府间谈判委员会第五次会议上，140 多个国家经过 4 年多的谈判，就全球第一部限制汞排放的国际公约达成一致。同年 10 月，在日本熊本召开的全权代表外交大会上，《关于汞的水俣公约》（以下简称《水俣公约》）获得正式通过并开放签署。《水俣公约》是国际化学品领域，继《斯德哥尔摩公约》后又一重要国际公约。按照《水俣公约》要求，各缔约国应在汞的供应来源和贸易、添汞产品、用汞工艺、大气汞的排放、水体和土壤汞释放，以及汞废物处理处置等多个领域开展污染控制。同时，一系列致力于减少汞污染的措施也同步实施。

2002 年，在南非约翰内斯堡举行的可持续发展世界首脑会议通过了为实现《21 世纪议程》可持续发展目标而督促世界各国进行统一实际行动的《约翰内斯堡执行计划》。根据《约翰内斯堡执行计划》授权，自 2003 年始，UNEP 着手启动国际化学品管理战略方针（Strategic Approach to International Chemicals Management，SAICM）文本拟定工作。经国际社会共同努力，2006 年 2 月，在阿联酋迪拜召开的第一届国际化学品管理大会暨 UNEP 第九次特别会议和全球部长会议上正式通过 SAICM 文本。SAICM 共包括《关于国际化学品管理的迪拜宣言》《总体政策战略》《全球行动计划》3 部分。SAICM 是一个自愿性非法律约束力的全球政策框架，目的是推动国际社会化学品管理，特别是实现《约翰内斯堡执行计划》提出的目标，即"到 2020 年，通过公开透明的以科学为基础的风险评估和风险管理程序，同时考虑《里约宣言》确定的预防原则，最大限度减少化学品使用和生产方式对人类健康和环境产生的重大不利影响"。

2015年9月，国际化学品管理大会第四届会议在瑞士日内瓦召开，考虑到距离实现SAICM"2020目标"只有5年时间，会议审议通过了一项关于实现SAICM"2020目标"的总体方向和指导文件，鼓励各利益攸关方实现确切的风险降低目标，将某些化学品的生产、使用及处置对人类健康和环境的显著不良影响降低到最低限度。会议最终通过《〈化学品管理战略方针〉及2020年后化学品与废物健全管理工作》（第Ⅳ/4号决议），决定启动一项闭会期间进程，就SAICM实施及2020年后化学品与废物健全管理工作制定建议。

闭会期间召开的三次磋商会，系统梳理了SAICM的实施现状，根据对SAICM实施的评估结果，重点针对2020年后化学品健全管理的目标、里程碑和指标、制度安排、实施机制、财政考虑等进行磋商，初步形成了"2020年后国际化学品与废物健全管理框架"的指导思路。该管理框架计划提交国际化学品管理大会第五届会议审议通过，接替2006年国际化学品管理大会第一届会议通过的SAICM，成为指导2020年后国际化学品与废物健全管理新的指导性框架文件。

2021年，UNEP发布了中期战略《为了人类和地球：联合国环境规划署2022—2025年应对气候变化、自然丧失和污染的战略》。分析形势表明，世界正面临三个环境危机：气候变化、生物多样性丧失和污染危机，确定了主要行动领域，制订关于气候行动、自然行动以及化学品和污染行动的三个专题次级方案来应对上述三个危机。其中，化学品和污染行动方案确定了2025年的四项目标：一是商定的2020年后化学品和废物健全管理框架中通过的各项行动纳入国家规划和发展工作；二是30%的世界人口所生活的地区达到世界卫生组织关于室外$PM_{2.5}$的空气质量中期目标；三是采取行动改变整个经济领域的氮使用量，将人为活性氮造成的环境损失减少一半；四是各国实现《2030年可持续发展议程》的具体目标。

1.2.2 管理模式

国际社会对化学品环境管理普遍采用的主要原则有污染预防原则、源头减量控制原则、全过程管理原则、谁污染谁付费原则等。鉴于化学品本身具有商品性和危害性，各个国家的社会情况不同，经济发展阶段不同，因此各个国家的化学品环境管理方式多样。最具代表性的有以下两种模式。

(1) 欧盟管理模式

欧盟的化学品管理经历了 3 个主要阶段。第一阶段是在 1967 年欧洲共同体成立前，推行的是成员国各自的化学品管理体系。第二阶段是 1967—2001 年，在欧洲共同体成立后，化学品管理体系由不同历史时期的指令和制度组成，如前文提到的 67/548/EEC、88/379/EEC、76/769/EEC、（EEC）793/93 等。第三阶段是从 2001 年至今，欧盟发布《未来化学品政策战略白皮书》，指出"旧"化学品管理体系存在的不足，2007 年 6 月 1 日 REACH 法规正式生效，建立了"新"化学品管理体系。

REACH 法规建立的主要制度包括化学物质登记注册制度，化学物质风险评估制度，对高危害、高风险化学物质实施限制或授权制度等。REACH 法规与欧盟之前的化学品管理体系以及与其他国家的化学物质环境管理体系都不同，主要特点有以下四个方面。

一是所有化学物质一视同仁。无论新化学物质还是现有化学物质，企业都要遵循"无数据，无市场"（no data，no market）的原则，所有超过 1 t/a 的化学物质都需要进行登记注册，并提供化学物质的危害和暴露信息。

二是企业主体责任。REACH 法规更强调企业对化学物质的安全负责，获取化学物质相关数据，评估化学物质风险的责任由企业承担，并且企业还应当向下游用户提供足够的信息。

三是管理的灵活性。对于高风险化学物质并未"一刀切"全部禁止，而是为企业留了"口子"，只要化学物质的生产者和使用者提供信息证明了化学物质带来的正面效益要比其对人体健康和环境的负面影响大得多，经授权则可以保留该用途。

四是延伸生产链上的责任。不仅生产或进口化学物质企业需要负责化学物质的安全并提供相应数据，制剂的生产者及其他下游用户也必须承担其负责的产品周期部分的安全。目前，国际社会有很多国家纷纷效仿欧盟的管理模式，如韩国 2013 年发布的《化学品注册与评估法案》沿用了欧盟 REACH 法规的理念，并与之有诸多相似之处，被业界称为韩国 REACH（K-REACH）。

(2) 美国管理模式

美国早在 1976 年就颁布实施了 TSCA 法。2015 年，修订后的《弗兰克劳滕伯格 21 世纪化学品安全法案》（*The Frank R. Lautenberg Chemical Safety for the*

21st Century Act,以下简称 TSCA 修正案）获美国两院通过，并最终于 2016 年 6 月正式签署生效。

无论是 TSCA 法还是 TSCA 修正案，都是将化学物质分为新化学物质和现有化学物质区分管理。一是规定新化学物质准入制度，在新化学物质生产、进口前对其进行评估与审查。二是规定现有化学物质的风险评估和风险管控制度，对现有化学物质按照风险防范原则、生命周期原则和优先原则进行危害识别、风险评估和风险管控。

与欧盟管理模式最大的不同是，企业主体责任不明显，主要体现在两个方面。一方面是新化学物质登记，企业在新化学物质登记中提供的材料主要基于已有的信息，并不需要满足数据最低测试要求，只有当 EPA 审核认为信息不足，可能有不合理风险时，企业才补充相关数据。二是现有化学物质风险评估的主体为政府，政府通过收集的危害和暴露信息开展优先排序，确定优先评估化学物质开展环境风险评估，对于存在不合理环境风险的物质实施管理。与美国化学物质环境管理模式大致相同的国家有日本、加拿大等。日本也是要求企业进行新化学物质登记，政府部门审核，同时政府部门负责优先评估化学物质筛选和评估，确定第一类特定化学物质清单、第二类特定化学物质清单并予以管控等。

虽然国际社会对化学物质的环境管理存在多种模式，但整体的管理思路都是以法规制度为保障，以信息收集为基础，以风险评估为手段，以高风险化学物质为管控对象。

图 1-2　化学物质环境管理思路

1.3　我国化学物质环境管理探索

1.3.1　历史发展

1994 年，为了保护人体健康和生态环境，执行《伦敦准则》，加强化学品进出口环境管理，国家环境保护局、海关总署、对外贸易经济合作部联合发布了《关于发布〈化学品首次进口及有毒化学品进出口环境管理规定〉的通知》(环管〔1994〕140号)，同时发布《中国禁止或严格限制的有毒化学品名录（第一批）》，对列入名录的有毒有害化学品的进出口，执行事先知情同意程序，开启了我国化学品环境管理新篇章。

2003年，国家环境保护总局颁布《新化学物质环境管理办法》(国家环境保护总局令 第17号，以下简称17号令)，建立了与国际接轨的化学物质管理制度。17号令的实施，切实加强了新化学物质生产、进口环节的环境管理，为预防新化学物质在中国境内的无序使用，减少环境污染，推动相关行业绿色创新和高质量发展发挥了"守门员"的重要作用。

2004年6月，国家环境保护总局发布了《化学品测试导则》(HJ/T 153—2004)、《新化学物质危害评估导则》(HJ/T 154—2004)、《化学品测试合格实验室导则》(HJ/T 155—2004)三项新化学物质环境管理标准和技术规范，并成立新化学物质评审专家委员会，正式建立了以环境与健康风险评估审查为主旨的新化学物质申报登记制度。

2004年11月，《斯德哥尔摩公约》对我国生效，标志着我国正式承担《斯德哥尔摩公约》的责任和义务，我国消除和减少持久性有机污染物工作进入实质性阶段。

2005年6月，《鹿特丹公约》对我国生效，为有效限制或禁止某些对我国生态环境和人民身体健康危害严重的化学品进入我国，规范有毒有害化学品进出口秩序，降低健康和环境风险，加强我国化学品环境管理，提供了良好契机。

2009年，环境保护部印发《关于加强有毒化学品进出口环境管理登记工作的通知》(环办〔2009〕113号，以下简称113号文)，进一步规范有毒化学品进出口环境管理登记审批，强化对进出口有毒化学品流向的监督管理，全面防控有毒化学品在生产、使用、储运、处置过程中的环境风险。根据管理需要，2018年环境保护部、商务部和海关总署联合印发《中国严格限制的有毒化学品名录》(2018年)，113号文废止。根据《鹿特丹公约》《斯德哥尔摩公约》等履约需要以及国家税则税目、海关商品编号调整情况，现行有效的是2020年生态环境部印发的《中国严格限制的有毒化学品名录》(2020年)。

2010年，环境保护部首次修订发布《新化学物质环境管理办法》(环境保护

部令 第 7 号，以下简称 7 号令）。7 号令转变了管理理念，从新化学物质危害评估转变为风险评价；改进了管理方法，从偏重前期申报登记改变为登记和后期监管平行并重；调整了管理策略，从"一刀切"式的新化学物质管理调整为按新化学物质危害和风险程度实施分类式管理。

2011 年，国务院正式批复《重金属污染综合防治"十二五"规划》（国函〔2011〕13 号）。该规划遵循源头预防、过程阻断、清洁生产、末端治理的全过程综合防控理念，明确了重金属污染防治的目标，建立起比较完善的重金属污染防治体系、事故应急体系和环境与健康风险评估体系，解决一批损害群众健康和生态环境的突出问题。《重金属污染综合防治"十二五"规划》是中国出台的第一个"十二五"专项规划。这一规划的出台显示了党中央、国务院对重金属污染防治的高度重视。

2012 年，环境保护部组织召开"全国化学品环境管理工作会议"。会上强调了加强化学品环境管理是保障和改善民生的必然要求，是维护生态环境安全的重要举措，是拓展外部发展空间的有效途径，是履行国际公约的政治承诺。会议指出全国化学品环境管理工作基础逐步夯实，形成了"摸底数、建制度、督落实、提能力、广宣传"的工作模式。这是第一次在环保系统内共商化学品环境管理发展方向与策略。

2012 年和 2016 年，环境保护部分别针对化学物质生产使用集中的五大行业和九大行业开展了化学物质生产使用调查，掌握了部分化学物质的基本暴露数据。同时，建立了成熟的调查机制和数据填报系统，国家和地方的工作人员也积累了经验。这两次的调查数据为我国筛选和评估优先控制化学品提供了有力的数据支撑。

2012 年，环境保护部印发《危险化学品环境管理登记办法（试行）》（环境保护部令 第 22 号），为加强危险化学品环境管理，预防和减少危险化学品对环境和人体健康的危害，防范环境风险提供了法律依据。后因生态环境部管理职责调整和简政放权管理形势需要，该办法现已废止。

2013 年，工业和信息化部、科技部和环境保护部制定了《中国逐步降低荧光灯含汞量路线图》，为推动我国无汞低汞技术的应用和推广，实现汞污染减排及用汞产品替代，推动我国形成绿色发展方式和生活方式指明了方向。

2013 年，环境保护部印发《化学品环境风险防控"十二五"规划》（环发〔2013

20号)。该规划阐明了"十二五"期间化学品环境风险防控的原则、重点和主要目标,实施优化布局、健全管理、控制排放、提升能力等主要任务,为推进化学品全过程环境风险防控体系建设,探索符合科学规律、适应我国国情的化学品环境管理和环境风险防控长远战略与管理机制,逐步实现化学品环境风险管理的主动防控、系统管理和综合防治,提高化学品环境风险管理能力和水平发挥了重要作用。《化学品环境风险防控"十二五"规划》是"十二五"期间指导化学品环境风险防范和环境管理各项工作的重要指导性文件,是国家总体规划在化学品环境管理领域的细化和延伸,也是我国化学品环境管理领域的首个规划。

2017年8月,《水俣公约》对我国生效。我国主动参与国际环境治理,为达成《水俣公约》发挥了建设性引导作用,得到了国际社会的积极评价。

2017年12月,环境保护部、工业和信息化部和卫生计生委联合发布《优先控制化学品名录(第一批)》,对现有化学物质环境风险评估做了初步探索,为开展环境风险评估及管控奠定了基础。优先控制化学品名录的发布,标志着化学品环境管理发挥了"发动机"作用,为水、大气和土壤中有毒有害污染物的环境风险管理提供基础支撑。

2019年8月,生态环境部会同卫生健康委发布《化学物质环境风险评估技术方法框架性指南(试行)》,为建立化学物质环境风险评估技术体系指明了方向。

2020年4月,生态环境部第二次修订发布《新化学物质环境管理登记办法》(生态环境部令 第12号)。此次修订旨在贯彻落实党中央、国务院关于打好污染防治攻坚战的决策部署,进一步深入贯彻落实"放管服"改革要求,不断健全新化学物质环境管理制度体系,在保持连续性、稳定性的基础上,推动新化学物质环境管理登记工作与时俱进、完善发展。

2020年11月,生态环境部、工业和信息化部和卫生健康委联合发布《优先控制化学品名录(第二批)》,为持续推进有毒有害化学品环境风险管理,推动实施环境风险管控,促进公众及相关企业充分认识所生产、使用化学品的环境与健康危害,提升化学品环境风险管理意识和水平发挥了重要作用。

2020年12月,生态环境部发布《化学物质环境与健康危害评估技术导则(试行)》《化学物质环境与健康暴露评估技术导则(试行)》《化学物质环境与健康风险表征技术导则(试行)》,为指导相关企业开展新化学物质环境风险评估,明确技术要求,支撑现有化学物质环境风险评估工作提供了指引。

2021年12月，生态环境部发布《优先评估化学物质筛选技术导则》(HJ 1229—2021)，防范化学物质环境风险，规范和指导优先评估化学物质筛选工作，为筛选优先评估化学物质提供了技术支持。

经过近30年的探索发展，我国在有毒有害化学物质环境管理方面做了很多工作。一是建立新化学物质环境管理登记制度，持续开展新化学物质环境管理登记工作，建立源头管理的"防火墙"，防止具有不合理环境风险的新化学物质进入经济社会活动和生态环境。二是初步建立化学物质环境风险评估技术体系，发布了《化学物质环境风险评估技术方法框架性指南（试行）》《化学物质环境与健康危害评估技术导则（试行）》《化学物质环境与健康暴露评估技术导则（试行）》《化学物质环境与健康风险表征技术导则（试行）》，明确开展化学物质对环境和经环境暴露的健康风险评估的技术方法。三是开展化学物质环境风险评估工作，印发两批《优先控制化学品名录》，列入40种/类应优先控制的化学物质，并持续推进环境风险管控。四是积极履行国际公约，限制、禁止了一批公约管控的有毒有害化学物质的生产和使用，减少了这些化学物质的环境风险。五是对化学物质生产使用集中的行业开展了化学物质生产使用调查，了解掌握部分化学物质的种类、用途、生产使用量等基本信息。此外，我国持续开展化学物质环境管理制度体系建设，积极推动有毒有害化学物质环境风险管理条例的立法工作。

1.3.2 化学物质环境管理新征程

我国化学物质环境管理经过多年努力，逐步在新化学物质环境管理、化学物质环境风险评估等方面积累经验，稳步前行。但与从感官能够判断的"显性"污染（如雾霾、黑臭水体）相比，化学物质环境管理一直未引起人们的重视。当前，我国大气污染、水污染、土壤污染防治工作取得积极进展，环境质量持续改善，"天蓝水清"正成为现实。与此同时，持久性有机污染物、环境内分泌干扰物、抗生素等新污染物正逐步成为隐藏在蓝天碧水背后，并威胁人民群众身体健康安全和中华民族永续发展的新的重大污染隐患。从环境管理角度来看，新污染物是指新近发现或被关注，对生态环境或人体健康存在较大风险，但尚未纳入管理或现有管理措施不足以有效防控其风险的有毒有害化学物质等。有毒有害化学物质的生产和使用是新污染物的主要来源。

要实现环境质量根本改善，提升"蓝天绿水"的质量，必须重视化学物质环境管理，加强化学物质风险评估，减少或去除环境要素中的有毒有害化学物质，实现以健康为核心的环境质量改善。生态环境从量变到质变，最终达到生态环境根本好转，实现美丽中国建设目标。

党中央、国务院高度重视新污染物治理工作。在 2015 年《国务院关于印发水污染防治行动计划的通知》（国发〔2015〕17 号）要求开展新型污染物风险评价等研究。2018 年 5 月 18 日，习近平总书记在全国生态环境保护大会上提出：对新的污染物治理开展专项研究和前瞻研究。2020 年 10 月 29 日，中国共产党第十九届五中全会通过《中共中央关于制定国民经济和社会发展第十四个五年规划和二〇三五年远景目标的建议》，提出"重视新污染物治理"。2021 年 3 月 11 日，十三届全国人大四次会议通过了《关于国民经济和社会发展第十四个五年规划和 2035 年远景目标纲要》的决议，提出"重视新污染物治理"，明确"健全有毒有害化学物质环境风险管理体制"。2021 年 4 月 30 日，习近平总书记在中央政治局第二十九次集体学习时强调"重视新污染物治理"。2021 年 8 月 30 日，习近平总书记主持召开中央全面深化改革委员会第二十一次会议，审议通过《关于深入打好污染防治攻坚战的意见》，会议强调"加强固体废物和新污染物治理"。2021 年 11 月 2 日，《中共中央 国务院关于深入打好污染防治攻坚战的意见》提出了"到 2025 年，新污染物治理能力明显增强"的目标要求，明确了加强新污染物治理的工作部署。2022 年 3 月 11 日，十三届全国人大五次会议表决通过了《政府工作报告》，在 2022 年政府工作任务中指出要加强新污染物治理工作。

借鉴国际经验，在我国前期化学物质环境管理工作的基础上，针对新污染物危害严重、风险隐蔽、常规管控效率不高等特点，开展新污染物治理，应当实施以环境风险预防为主的治理策略，构建以"筛查""评估""管控"为主线的防控思路（图 1-3）。

具体来说，区分"新""现"化学物质，实现分类管理。新化学物质环境管理采取"风险预防"的原则，通过实施"源头准入"登记制度，防范具有不合理环境风险的新化学物质进入经济社会活动和生态环境。现有化学物质已广泛存在于我们的生产生活中，通过评估环境风险，确定对生态环境或者人体健康存在不合理风险的化学物质予以管理。

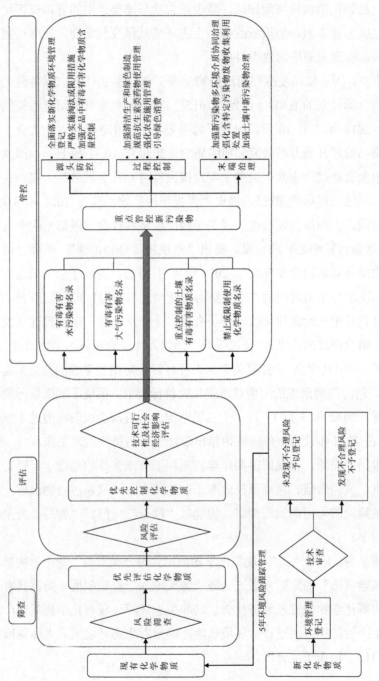

图 1-3 新污染物治理思路

现有化学物质的管理是从筛查、评估到管控，逐步聚焦管理重点，实施环境风险管控的过程。"筛查"（以下简称"筛"），就是结合环境与健康危害以及环境暴露情况，从数以万计的在产、在用化学物质中选出潜在环境风险较大的化学物质，作为优先评估化学物质；"评估"（以下简称"评"），就是针对筛选出的优先评估化学物质，对其生产、加工使用、消费和废弃处置全生命周期进行科学的环境风险评估，可能对生态环境或者人体健康存在不合理风险、需要实施环境风险管控的化学物质，列入《优先控制化学品名录》；"管控"（以下简称"控"），就是将对生态环境或者人体健康存在不合理风险，经管控措施的技术可行性和经济社会影响评估后确定的重点管控对象，实施以源头淘汰限制为主、兼顾过程减排和末端治理的全过程综合管控措施，有效管控其环境风险。

1.4 化学物质与新污染物环境治理体系

1.4.1 体系核心内容

新污染物治理总体思路是通过对有毒有害化学物质环境风险筛查和评估，"筛""评"出需要重点管控的新污染物，然后，对重点新污染物实行全过程管控。其中，有毒有害化学物质的"筛"和"评"是新污染物治理的关键。通过对有毒有害化学物质的筛查和评估，找出重点新污染物，在水污染、大气污染、土壤污染防治中落实新污染物治理的措施，充分体现了化学品环境管理对环境污染防治的"牵引驱动"的特点和规律。

新污染物治理体系的核心内容是以化学物质环境风险管理法规为保障，以信息收集为基础，以化学物质风险筛查和评估为手段，以计算预测技术为支撑，最终达到识别和管控新污染物的目的。

化学物质环境风险管理法规可通过明确各利益相关方的权利和义务，为化学物质信息收集、风险筛查、风险评估以及风险管控等工作提供法制保障。

化学物质信息收集主要是获取化学物质危害或暴露信息，为后续化学物质环境风险筛查、风险评估及风险管控提供基础信息。

化学物质风险筛查和评估是确定重点管控新污染物的重要手段。筛查是指结合化学物质的环境与健康危害以及环境暴露情况，从在产、在用化学物质中选出潜在环境风险较大的化学物质，然后对化学物质开展危害评估、暴露评估和风险表征，确定需要重点管控的化学物质。通过筛查和评估确定重点管控新污染物，是我国落实新污染物治理措施的科学基础和前提条件。

计算预测技术是开展风险筛查和评估的技术支撑。数据是开展化学物质环境风险筛查和风险评估的基础，但绝大多数化学物质缺少固有危害特性及环境暴露数据。计算预测技术有助于弥补化学物质数据相对缺失的短板。通过经济、高效地预测化学物质的危害特性与暴露数据，从而为开展化学物质环境筛查和风险评估提供数据支撑。

1.4.2 问题与展望

发达国家基于预防原则，均建立了化学物质环境管理专项法规，为化学物质信息收集、（新）化学物质登记、风险评估和风险管控提供法律保障。在落实法规要求，开展化学物质环境风险评估和管理的过程中，不断增强计算预测技术、数据库建设等能力水平，更好地服务于化学物质环境管理。

我国是全球最大的化学品生产国，但尚未颁布化学物质环境管理专项法规；尚未建立化学物质信息收集制度，未规定企业提交化学物质环境危害和环境风险数据的主体责任；未对我国在产、在用化学物质开展风险筛查，化学物质环境风险评估技术体系尚不健全，化学物质环境风险评估工作刚刚起步，支撑化学物质环境风险筛查和评估的计算预测技术能力亟待提升。我国化学物质环境管理相关法规、制度、技术、能力水平等，与我国当前新污染物治理的新要求严重不匹配。

为落实新污染物治理新要求，服务化学物质环境管理新形势，建议从以下几方面开展工作。

①加强化学物质环境管理法规制度建设。制定发布有毒有害化学物质环境风险管理条例，建立健全化学物质环境信息调查、调查监测、环境风险评估、环境风险管控、新化学物质环境管理登记、有毒化学品进出口环境管理等制度。

②开展化学物质环境信息收集。制订符合我国国情的调查方案，收集不同类别化学物质的基本信息和详细信息，掌握化学物质危害及环境暴露基本信息。

③开展化学物质环境风险筛查。分析我国化学物质的固有危害属性以及潜在环境暴露情况，对化学物质进行危害分类，识别具有高危害性和潜在高暴露性的优先评估化学物质，为开展环境和健康风险评估明确目标对象。

④开展化学物质环境风险评估工作。评估涵盖化学物质生产、使用、消费和废弃处置的全生命周期的环境风险,识别对环境和健康具有较大风险的新污染物,进而实施源头防控、过程控制、末端治理的全过程综合治理措施。

⑤提升化学物质计算预测技术水平。加强化学物质环境风险评估相关模型的研究与构建,对于成熟模型进行软件化,为缺少试验数据的化学物质开展危害评估和暴露评估提供数据基础,提高化学物质环境风险筛查和风险评估的效率和水平。

本书后续对新污染物治理的关键内容都进行了深入阐述,并以新化学物质环境管理为示范,阐述化学物质信息收集、筛查、评估和管控过程,可为以上各项工作的开展提供参考。

第 2 章 化学物质环境管理法规政策

自 20 世纪 70 年代起，发达国家相继颁布化学物质环境管理专项法律法规，规范化学物质环境风险评估和管控，强化要求企业提交数据和对化学物质环境健康风险防范的主体责任，不断识别并管控有毒有害化学物质及其环境风险。经过 40 多年的发展，国际化学物质环境管理经历了从单纯关注危害，到综合考虑危害和环境暴露，对既有或潜在风险实施管控的历程。从环境管理角度来看，各国本着对化学物质源头禁限、过程减排、末端治理的全过程风险管理的原则，已形成了较完整的法律体系。

2.1 欧盟化学物质环境管理法规政策

欧盟化学工业曾占全球第一位，为了实现可持续发展的首要目标，保护人体健康和生态环境，提高欧盟化学工业的竞争力，欧盟不断完善其化学品管理体系。目前，欧盟是拥有最全面、最具保护性的化学品管理框架的地区/国家之一。

欧盟法案大多采取法规或指令的形式，法规必须以相同方式在所有成员国直接施行；指令则首先转化为成员国的国内法，然后才能在成员国国家层面施行。

目前，欧盟的化学物质管理法规主要以 REACH 法规为统领，《关于物质和混合物的分类、标签和包装的法规》(*Regulation on Classification, Labelling and Packaging of Substances and Mixtures*，以下简称 CLP 法规) 为基础，《危险化学品进出口法规》(*Regulation Concerning the Export and Import of Hazardous Chemicals*，以下简称 PIC 法规)、《持久性有机污染物法规》(*Regulation on Persistent Organic Pollutants*，以下简称 POPs 法规) 为补充，建立了一套化学物质管理法规体系。上述法规的实施部门均为欧盟化学品管理局 (European Chemicals Agency，ECHA)。

2.1.1 REACH 法规

REACH 法规主要目的是为确保对人类健康和环境的高水平保护，推动有害化学物质评估的替代方法以及化学物质在内部市场的自由流通，同时增强竞争力和创新性；确保制造商、进口商和下游用户制造、投放市场或使用不会对人类健康或环境产生不利影响的化学物质。REACH 法规管理框架如图 2-1 所示。

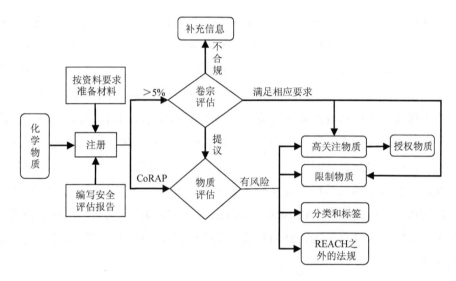

图 2-1 REACH 法规管理框架

生产、进口企业按照法规要求提供申请物质相关信息进行注册，管理部门通过卷宗评估进行合规性审查，通过在欧洲共同体滚动行动计划（Community Rolling Action Plan，CoRAP）的框架下开展化学物质风险评估，对于存在不合理风险的化学物质实施限制、授权、标签等管理措施，涉及的主要制度如下所述。

（1）注册制度

在欧盟范围内，生产或进口的化学物质（包括配制品和物品中的化学物质）大于等于 1 t/a，或聚合物中含 2%以上的单体/其他物质且单体/其他物质总量大于等于 1 t/a 的制造商、进口商和下游用户（分销商和消费者不属于下游用户）需要注册。注册人必须是欧盟境内的自然人或法人。注册要求提交生产商/进口商的信息、物质信息、生产与使用信息、分类与标识、安全使用指导说明、研究摘要（根据吨数决定)、物质的确定用途/暴露信息、(如有必要的)试验建议、化学安全性报告(10 t/a 以上的物质提供)、保密要求(因商业秘密)、是否愿意免费信息共享声明(非脊椎动物试验部分)、对所提交数据的客观评估信息等。注册吨数越多(1~10 t、10~100 t、100~1 000 t、1 000 t 以上),所提交数据也越多。为鼓励数据共享和避免不必要的动物试验,ECHA 建立信息交流论坛方便企业进行联合注册。

(2) 评估制度

为确保注册卷宗的合规性,ECHA 对每一吨位段收到的卷宗开展不低于 5% 的卷宗评估。为开展化学物质评估,ECHA 与各成员国合作制定优先评估化学物质的标准(主要考虑危害信息、暴露信息和合计吨位),并且制定了 CoRAP,成员国主管部门根据企业提交的注册卷宗对优先评估化学物质开展风险评估,筛选出对人类健康或环境具有高风险的物质。如果成员国主管部门认为需要补充新的信息,注册人应在规定的截止日期前提交所需信息。对于化学物质的使用存在风险的物质,成员国会提出如下建议:一是对具致癌、致突变或生殖毒性,呼吸道致敏性或其他效应的化学物质提议进行统一分类和标签;二是确认该化学物质为高关注物质(Substances of Very High Concern,SVHC);三是限制该化学物质;四是采取 REACH 法规范围之外的行动,如欧盟范围内的职业接触限值建议、国家措施或自愿性行业行动。

(3) 授权制度

对于高危害化学物质,包括持久性、生物累积性和毒性物质(Persistency,Bioaccumulation and Toxicity,PBT),致癌、致畸或生殖毒性物质(Carcinogenicity,Mutagenicity and toxicity to Reproduction,CMR),高持久性、高生物累积性物质(very Persistent and very Bioaccumulative,vPvB)以及具有同等关注度的物质如内分泌干扰物(Endocrine Disrupting Chemicals,EDCs)等,列入高关注物质清单;经综合考虑经济和技术因素后,列入授权物质清单。企业未经授权不得生产、使用列入授权物质清单的化学物质。授权人必须证明使用该化学物质对人类健康和环境造成的风险已被充分控制,或者表明使用该化学物质的社会经济效益大于其对人体健康或环境的风险且无合适的替代品和技术时,管理部门才对该用途予以授权。

（4）限制制度

对经风险评估确定某化学物质在生产、使用或投放市场过程中存在对人体健康或环境不可接受的风险时，将该化学物质列入限制清单，实施用途限制、产品限制或禁止等措施。

（5）数据测试实验室监管制度

为确保化学物质危害测试数据的真实性，要求化学物质危害数据测试的实验室必须是政府主管部门认定的符合良好实验室规范（Good Laboratory Practice，GLP）的实验室。

截至 2021 年 11 月底，欧盟的注册物质为 26 147 种/类，高关注物质为 219 种/类；授权物质为 54 种/类；限制物质为 70 种/类。

2.1.2 CLP 法规

CLP 法规是基于联合国的全球化学品统一分类和标签制度（Globally Harmonized System of Classification and Labelling of Chemicals，GHS）建立的，其目的不仅是物质、混合物和物品的自由流通，还可以确保对健康和环境的高度保护。自 2015 年 6 月 1 日起，CLP 法规是欧盟针对化学物质和混合物进行分类和标签的唯一强制法规。

CLP 法规要求化学物质或混合物的制造商、进口商或下游用户在将其投放市场之前，对其进行适当的分类、标签和包装。CLP 法规中涵盖的危害类别包括物理危害、健康危害、环境危害。危害分类是危害交流的起点，对化学物质或混合物分类后，危害标签可以将危害分类和安全数据表传递给供应链中的其他参与者（包括消费者），以警告有关的危害信息以及防控相关风险的需要。

CLP 法规为每种危害类别标签要素规定了详细标准，并规定了通用包装标准，以确保安全供应危险物质和混合物。除了通过标签要求传递危害信息，CLP 法规还是许多有关化学物质风险管理法律（如 REACH 法规、废物框架指令、PIC 法规等）规定的基础。

为了给企业提供帮助和指导，CLP 法规在其附件中列出了 4 000 多种化学物质的统一分类目录。截至 2021 年 11 月底，企业向 ECHA 提交了 20 万余份化学物质和混合物的分类信息。

2.1.3 PIC 法规

为了履行《鹿特丹公约》,欧盟建立并不断完善其危险化学品进出口法规[(EU) No 649/2012],即 PIC 法规。

PIC 法规目的:一是为了履行《鹿特丹公约》;二是促进危险化学品国际贸易中的共同责任,以保护人类健康和环境免受潜在危害;三是有助于环境友好地使用危险化学品。以上目标都可以通过交换危险化学品特性信息,在欧盟范围内规定进出口的决策程序以及视情向缔约方或其他国家发送决定通知来实现。此外,PIC 法规可以确保从成员国出口到其他缔约方或国家的所有化学品遵从 CLP 法规的规定。

PIC 法规适用范围:一是《鹿特丹公约》中需要履行事先知情同意程序的某些危险化学品;二是欧盟或成员国禁止或严格限制的某些危险化学品;三是出口时涉及分类、标签和包装的化学品。对于出口用于研发的小于 10 kg/a 的化学品不适用于 PIC 法规。PIC 法规的化学品包括农药和工业化学品。

出口管理的化学品是 PIC 法规附件 1 中所列的工业化学品和农药,根据禁止或严格限制的范围不同,实施不同的出口管理方式。

①PIC 法规附件 1 第 1 部分的化学品是指在欧盟层面禁止或严格限制至少四个子类别(专业用途的工业化学品;供消费者使用的工业化学品;用作植物保护产品的农药;其他农药,如杀菌剂)中的一种化学品。这部分化学品出口时应执行出口通知(export notification)。

②PIC 法规附件 1 第 2 部分的化学品是指在欧盟层面禁止或严格限制至少两个用途之一的化学品,即农药或工业化学品。这部分化学品出口时应执行 PIC 通知(PIC notification),即除了执行出口通知程序,还应收到进口国明确表示同意进口的声明才可以出口。

③PIC 法规附件 1 第 3 部分的化学品需执行 PIC 程序(PIC procedure),该部分化学品为列在《鹿特丹公约》附件三的化学品,除非进口国已在公约中做了进口回复的决定,否则仍需要发送出口通知并得到明确同意方能出口。

2.1.4 POPs 法规

欧盟在欧洲共同体层面建立的 POPs 法规主要基于以下考虑:一是 POPs 物质

在环境中持续存在,通过食物链生物累积,对人类健康和环境构成威胁;二是 POPs 物质能跨国界远距离传输,在欧洲共同体层面立法可以得到更好的控制;三是欧盟在 2001 年 5 月 22 日签署了《斯德哥尔摩公约》,为了更好地履行《斯德哥尔摩公约》,需要统一的法规框架;四是虽然现有的化学物质法规与 POPs 有关系,但是存在缺失和不完整,无法对 POPs 物质实施禁止、限制或消除。

POPs 法规的主要内容包括对 POPs 物质生产、投放市场和使用的控制,库存的处理,无意释放物质的减少和消除,废物的管理,国家实施计划的制订和实施,无意排放 POPs 的监测等。

2.2 美国化学物质环境管理法规政策

美国在 1976 年颁布了 TSCA 法,2016 年修订为 TSCA 修正案。TSCA 修正案的推出使美国化学物质环境管理进入一个全新阶段,为国际化学品管理带来深远影响。

TSCA 修正案对其立法原则进行了革新性的调整,可归结为六点:一是建立基于科学风险评估的人类健康与环境保护安全标准,并以此标准重新审查化学品的安全性;二是要求化学品制造商向 EPA 提供充足的信息,以便 EPA 开展新化学物质和现有化学物质的安全性评估;三是当化学品不符合安全标准时,要求 EPA 及时采取风险管控措施,尤其考虑儿童等敏感人群、经济成本、可用的替代品及社会福利、公平等相关因素;四是尽快筛选出优先关注化学品,开展评估和采取行动;五是鼓励绿色化学,提高化学品信息透明度;六是保障 EPA 获得更多资源以履行上述职责,如赋予 EPA 一定权限来向化学品生产商和加工商收取费用,用于新化学物质的审查和对现有化学物质采取的一系列管理活动。

TSCA 修正案保留了原来的立法目的,即化学物质和混合物的制造商或加工商应提供有关化学物质和混合物对健康和环境影响的信息,如果某些化学物质或混合物可能会对人体健康或环境存在不合理的风险,则应授权管理此类化学物质和混合物,但不得对科技创新造成过度阻碍,或对其造成不必要的经济障碍。美国 TSCA 修正案管理框架如图 2-2 所示。

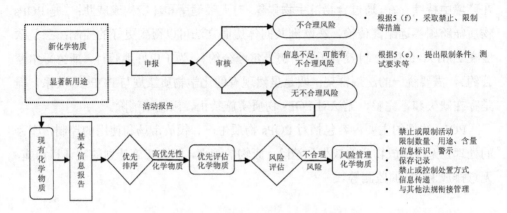

图 2-2　美国 TSCA 修正案管理框架

TSCA 修正案通过建立 TSCA 名录，将化学物质分为新化学物质和现有化学物质进行管理。未列入 TSCA 名录的新化学物质，需要进行新化学物质登记。EPA 根据企业提交信息进行审核，并根据其风险不同给出不同的审核结果。对于列在 TSCA 名录的现有化学物质，企业需要进行化学物质信息报告，EPA 收集企业进口、生产和加工使用信息，结合暴露和危害，开展化学物质优先排序、风险评估和风险管理。涉及的主要制度如下所述。

（1）新化学物质审查制度

新化学物质的生产商和进口商必须在生产和进口新化学物质前 90 天向 EPA 提交申报书。EPA 以不计成本的方式对新化学物质进行风险评估。在数据不足以进行风险评估时可以要求企业增补测试；对于存在严重风险的，可提出限制、禁止等管控措施；对于不存在严重风险的，允许生产、使用。企业在实际生产或进口新化学物质 30 日内，向 EPA 提交活动报告，即列入现有化学物质名录。

（2）化学物质信息报告制度

根据 TSCA 修正案要求，进口或生产企业要向 EPA 提供化学物质暴露相关的基本信息。因此美国颁布了化学品数据报告规定。要求单一地点年生产或进口等于或超过 25 000 磅（约 11.3 t）化学物质的企业进行数据申报。申报信息包括生产和进口的化学物质类型、活动量和用途，企业工人数、化学物质最大浓度及形态、加工使用方式等。这些构成了化学物质筛选暴露状况的最广泛的信息来源。化学物质数据报告周期为 4 年。对于化学物质风险评估过程需要的危害信息，

EPA 可以发布规定、法令或同意协议，要求该化学物质或混合物的生产（含进口）和加工使用企业开展相关测试，提供信息。

（3）风险评估制度

TSCA 修正案要求 EPA 制定化学物质优先排序程序，根据化学物质潜在危害和暴露情况（包括考虑持久性、生物累积性、潜在暴露或易感人群以及重要饮用水水源地附近的储存量等），将化学物质分为需进一步风险评估的高优先性化学物质，或暂不考虑开展风险评估的低优先性化学物质。对于高优先性化学物质，EPA 将根据颁布的风险评估程序开展风险评估，在 3.5 年内完成 20 种高优先性化学物质的风险评估并公布报告。

（4）风险管理制度

对于经确认具有不合理风险的化学物质，EPA 应在风险评估报告完成 1 年内，提出并公布该物质的管理建议，并在 2 年内，公布最终的管理规定。规定的管理措施主要是以下措施的一项或几项：禁止或限制化学物质及其混合物的生产、加工和销售；限制化学物质的生产、加工和销售数量，包括限制在特定用途下的数量或浓度；要求在涉及该物质的产品上标注该物质，并附带警告信息及安全使用、处置指南；要求化学物质的加工、制造商保存生产加工的记录并进行必要的监督管理；禁止或者控制任何基于商业目的使用该化学物质或混合物的方式、方法；禁止或控制生产者、加工者对该化学物质或混合物或任何含有它们的产品的任何处置方式、方法；责令企业开展风险交流、信息传递及公开。若化学物质确定为 PBT 物质，可不经过风险评估而在 18 个月内采取管制。

如果 EPA 确定通过 EPA 管辖范围之外的联邦法律采取行动，可以防止或降低化学物质的风险，则 EPA 应当向实施该法律的主管部门提交一份报告，说明风险以及造成风险的活动。主管部门经过评估发布该活动不会造成风险的决定或根据本部门的法律采取相应行动防控风险。如果 EPA 确定通过在其权限范围内采取的措施能够将某化学物质或混合物对健康或环境产生的风险消除或降低到合理的范围内，则 EPA 应通过这种权限避免这种风险造成严重影响。

（5）显著新用途制度

TSCA 修正案授权 EPA 发布"显著新用途规则"（Significant New Use Rules，SNURs）。EPA 需在考虑以下因素后确定某化学物质的使用方式是否为显著的新用途，包括化学物质预计制造和加工的数量；该用途改变人体或环境暴露于该化学物质的类型或方式的程度；该用途增加人体或环境暴露于该化学物质的数量级和持续时间的程度，以及合理预计的该化学物质制造、加工、商业销售、处置的方式和方法等。以上因素都考虑之后颁布显著新用途公告。如果生产或进口了 TSCA 名录中标注"显著新用途"的物质，生产或进口商需提前 90 天向 EPA 进行申报，申报的程序和步骤及申报内容与新物质申报（Pre-manufacture Notice，PMN）相同，EPA 会对该化学物质的新数据和现有数据进行审查，经审查认为无严重风险后，企业才能开始活动。EPA 借助发布显著新用途的规则，要求企业报告相关危害和暴露信息，从而可以跟踪和监控"受控物质"在不同地点不同生产者和加工者的活动情况。

TSCA 修正案弥补了 TSCA 法近 40 年里，限制 EPA 保护公众免受危险化学品威胁的根本性缺陷。EPA 认为，TSCA 修正案是化学品安全、公共健康和环保领域的一大胜利，对于评估化学物质和依据风险制定安全新标准的管理人员来说尤为如此。TSCA 修正案对评估化学物质及实施风险管控措施均设立了明确期限，可确保及时评估优先化学物质，并在确认风险后及时对其采取措施。同时，EPA 允许企业提名拟开展风险评估的化学物质并参与风险评估，可加速化学物质环境风险评估进程。

2.3 日本化学物质环境管理法规政策

1973 年，日本颁布了《化审法》，经过 40 多年的管理实践，已形成一套完备的化学品管理和技术体系。

《化审法》的目的是"通过构建新化学物质生产或进口前审查，以及现有化学物质生产、进口和使用等管理体系，预防可能对人体健康造成损害，或对动植物生长、繁殖造成影响的化学物质污染环境"。经济产业省、环境省和厚生劳动省（以下简称三省）共同负责《化审法》的实施，如审查新化学物质，开展化学物质风险评估，制定化学物质的管控措施等。此外，经济产业省还负责接收化学物质生产、使用基本信息报告，许可第一类特定化学物质生产、制定试验费用分担方法等。日本《化审法》管理框架如图 2-3 所示。

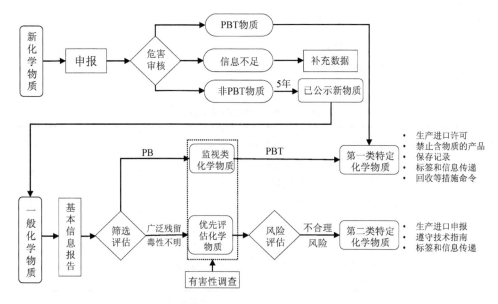

图 2-3 日本《化审法》管理框架

《化审法》主要包括新化学物质审查、风险评估、分级管理、基本信息报告等制度,具体情况如下所述。

(1) 新化学物质审查制度

新化学物质是指未列入日本现有化学物质名录和已登记新化学物质公示名录或相应管理名单的物质。除以下物质以外的化学物质均需要做新化学物质登记:①制品;②元素、天然物质、药事法等其他法规管理的物质;③官报公示序列编号的物质(MITI 号);④试验研究用物质或试剂。

新化学物质登记类型包括常规申报、低产量申报、少量申报、低关注聚合物、中间体和少量中间体等。除常规申报以外,其余登记类型必须是日本境内的企业才可以申请(表 2-1)。

三省共同负责新化学物质审查、批准和施行控制措施。企业生产或进口新化学物质前,必须向三省提交新化学物质特性信息。三省收到申请材料后分别开展形式审查,其中经济产业省负责对降解性和累积性信息的审查,环境省负责对生态危害性信息的审查,厚生劳动省负责对人体健康危害性信息的审查。形式审查结束后,三省联合组织专家评审。化学物质分委会、化学物质安全措施委员会、药物管理委员会、药物事务和食品卫生委员会、评估委员会、化学物质理事会和化学物质评估分委会、环境健康委员会、中央环境理事会共同审议该化学物质降解性、累积性、人体健康毒性和生态毒性。根据化学物质的特性不同,给予新化学物质不同的分类,具体评审结果分类见表2-2。

表2-1 新化学物质登记类型

登记类型	危害数据	其他信息	数量上限	数量变更申报	申请频次
常规申报	降解性、积累性、人体健康、生态效应	预期用途、计划数量等	无	无	10次/a
低产量申报	可降解性、累积性(如果有,提交有关人体健康、生态影响的危害特性数据)	预期用途、计划数量等	全国排放量10 t以下(≤10 t/公司*)	是	10次/a
少量申报	—	预期用途、计划数量等	全国排放量1 t以下(≤1 t/公司)	是	10次/a
低关注聚合物	—	摩尔质量、理化稳定性测试数据等	无	无	根据需要
中间体	—	操作方法、设施和设备的图纸等	无	无	根据需要
少量中间体	—	无	≤1 t/公司	无	根据需要

注:* 指每家登记的单位/企业/公司的登记量是小于等于10 t的。

表2-2 评审结果分类

类别	性质	审查结果
第1类	具有持久性、生物累积性和毒性的化学物质,即PBT类物质	不能生产或进口(指定为第一类特定化学物质)
第2类~第5类	具有持久性但是不具有累积性	—
第2类	有人体健康毒性,无生态毒性	可以生产或进口
第3类	无人体健康毒性,有生态毒性	可以生产或进口
第4类	有人体健康毒性,有生态毒性	可以生产或进口
第5类	无人体健康毒性,无生态毒性	可以生产或进口
第6类	持久性、生物累积性和毒性不明的物质	提交额外的测试结果并重新判断

经评审具有持久性、生物累积性和毒性的化学物质,不得在日本境内生产和进口。若获得生产许可,三省联合开展生产使用企业的现场检查,完成《化审法》

中对企业的监督管理工作。

常规申报的新化学物质登记后，如未被指定列入相应管理清单，则登记满 5 年后将列入已公示新化学物质名录，并予以公布，按照现有化学物质进行管理。

（2）风险评估制度

《化审法》针对现有化学物质建立了全面风险评估制度。

经日本环境省介绍，日本全国约有 2 8000 种现有化学物质。每年生产/进口量大于 1 t/a 的化学物质约有 12 000 种。对于其中生产/进口量大于 10 t/a 的化学物质（约 8 000 种），根据每种化学物质的暴露等级（预计向环境中的排放量）和危害等级（有害程度），筛查年排放量大于 10 t，且有可能对人体健康形成损害或对生活环境动植物的繁殖或生育造成损害、有必要进一步收集危害和暴露信息的化学物质，列为优先评估化学物质。对于优先评估化学物质，通过开展基本风险评估［Risk Assessment（Primary）］和二次风险评估［Risk Assessment（Secondary）］，进一步识别优先评估化学物质的危害及风险程度，并采取必要的管理措施，确保风险在可接受范围内。

（3）分级管理制度

根据危害和风险，日本将化学物质分为 4 个主要的管理名单，采取不同的管理措施。

第一类特定化学物质，是指具有持久性、生物累积性和毒性的化学物质，即 PBT 类物质，采取的措施基本是禁止生产和进口。截至 2021 年 11 月，第一类特定化学物质名单中包含 34 种/类化学物质。

第二类特定化学物质，是指具有持久性、毒性的化学物质，即 PT 类物质，政府根据需要可以限制其生产和进口数量，企业需要提交实际和计划的生产/进口数量、预期用途等的报告；必要时根据政府命令调整计划数量；落实有关化学物质处理的技术指南和标签规定等。截至 2021 年 11 月，第二类特定化学物质名单中包含 23 种/类化学物质。

监视类化学物质，是指具有持久性、生物累积性，但毒性不明的化学物质，即 PB 类物质，政府对其危害进行长期监视，企业有提交有关实际生产/进口数量、预期用途详情等报告的义务。截至 2021 年 11 月，监视类化学物质名单中包含 38 种/类化学物质。

优先评估类化学物质，是确定优先开展环境与健康风险评估工作，详细掌握危害和使用情况的化学物质。企业需要提交实际的生产/进口数量、根据预期用途类别的发货量，验证物质毒性，尽可能信息传递等。截至 2021 年 11 月，优先评估化学物质名单中包含 226 种/类化学物质。

（4）基本信息报告制度

《化审法》要求生产、进口超过一定数量化学物质的企业，每年向政府报告化学物质上一年度的生产、进口等信息。基本信息报告的主要目的是一方面收集化学物质潜在的暴露数据，为筛选评估提供数据支持；另一方面加强新化学物质登记后的管理，及时从数据中发现问题。

所有的新化学物质和现有化学物质的生产和进口企业均需要在每年 6 月 30 日前提交基本信息报告，报告上一年度的生产和进口情况。其中，一般类化学物质和优先评估类化学物质生产和进口量合计超过 1 t/a 的企业需要提交基本信息报告，生产或进口监视类化学物质的企业也需要提交基本信息报告。根据物质的管理类别不同（一般类化学物质、优先评估类化学物质、监视类化学物质），基本信息报告的表格会有所不同，但主要涉及的信息包括企业名称、地址、物质名称、MITI 号或批准编号、数量（生产、进口和出口）和用途。

2.4 加拿大化学物质环境管理法规政策

加拿大环境保护战略由可持续发展的愿景所驱动，可持续发展愿景依赖于清洁健康的环境和强大的经济。对于危害人体健康或环境的化学物质的风险管理是可持续发展愿景的关键目标。用来预防和降低化学物质威胁主要的工具之一就是 CEPA1999。

CEPA1999 是一部关于污染预防、保护环境和人体健康以促进可持续发展的综合性环境保护法案，包括"有毒"物质控制，生物产品，燃料、汽车、发动机和设备排放，国际空气和水污染，危险废物和环境应急等方面的内容。该法第五章规定了"有毒"物质控制相关要求，主要目的是以谨慎预防原则防范化学物质对环境及人体健康的损害，主要手段是识别和管控"有毒"物质。"有毒"是指物质进入或可能以一定数量或浓度或条件进入环境，且满足：①对环境或生物多样性具有或可能具有直接或长期危害效应；②对生物所依赖的环境构成或可能构成风险；或③对人体健康构成或可能构成风险。即加拿大管理的"有毒"物质就是有较高环境风险的化学物质。CEPA1999 为加拿大政府提供了保护环境和/或人体健康的工具，为管理根据该法案发现的"有毒"物质制定了严格的时间表，并要求实质消除具有持久性、生物累积性并且人为产生的"有毒"物质向环境的排放。

CEPA1999 第五章主要是预防和管理有毒有害化学物质造成的风险，包括新化学物质登记制度、现有化学物质分类、风险评估、有毒化学物质管控等制度。加拿大环境部和健康部共同负责 CEPA1999 实施。CEPA1999 "有毒"物质管理框架如图 2-4 所示。

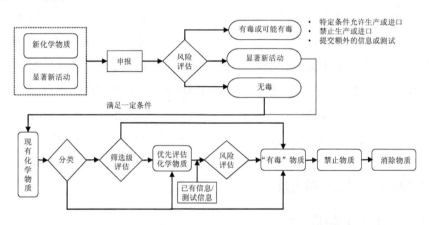

图 2-4　CEPA1999 "有毒"物质管理框架

2.4.1　新化学物质登记制度

加拿大建立了国内物质清单（Domestic Substances List，DSL）和非国内物质清单（Non-Domestic Substances List，NDSL）。DSL 收录了从 1984 年 1 月 1 日—1986 年 12 月 31 日，在加拿大销售、使用、生产或者进口大于或等于 100 kg/a 的化学物质，以及通过新化学物质登记列入的化学物质。1994 年 5 月 4 日，加拿大环境部在加拿大公报上发布了第一版国内物质清单。DSL 涵盖约 23 000 种化学物质。NDSL 是一份不在加拿大国内物质清单上但在国际上有商业用途的物质清单，主要是基于美国 TSCA 法的化学物质清单，包含约 58 000 种化学物质。

根据 CEPA1999 第 81 条规定，以下三种情况任一种均需要做新化学物质登记，并提交登记费用，在未提交危害和暴露信息并且评估时间到期前，任何人不得生产、进口或使用该化学物质。

①未列在国内物质清单上的物质；

②该物质列在国内物质清单上，但是标注了显著新活动；

③该物质未列在国内物质清单上，环境部公告了该物质属于显著新活动物质。

加拿大环境部对收到的申请材料有 90 天的评估时间，且根据需要，可延长评估时间。新化学物质评估后的结果主要有三种情况：一是新化学物质"无毒"，无须采取行动；二是新化学物质在申报活动条件下"无毒"，但该新化学物质的某种新活动会导致环境中该化学物质浓度明显提高或新活动导致暴露场景明显发生变化，则会将该化学物质列为显著新活动（significant new activity）物质并通知申报人，同时在新化学物质审查期后 90 天内在加拿大公报发布显著新活动物质通告，规定显著新活动的种类以及提交额外信息要求；三是新化学物质"有毒"或可能"有毒"，则需采取风险控制措施降低环境与健康风险。控制措施主要有三种：①在特定条件下允许生产或进口该化学物质；②禁止生产或进口该化学物质；③要求企业提交额外的信息或测试结果。如果认为该化学物质属于前两种情况，则需要在加拿大公报上发布公告。新化学物质如果公告禁止活动 2 年内，没有发布禁止的具体规定，则禁止活动失效。

2.4.2 信息收集制度

加拿大环境部和健康部通过多种渠道和机制收集化学物质相关的危害信息和商业活动信息（用途和数量）。一是可公开获得的信息，包括通过数据库、期刊、安全数据单和文献检索等收集关于化学物质的属性、危害和暴露信息。二是利益相关方和协会提供的信息，包括：①根据 CEPA1999 强制性信息收集规定，定期更新化学物质的商业信息；②相关方自愿向政府提供的相关信息；③根据 CEPA1999 的第 46 条、第 70 条和第 71 条的规定，政府为了风险评估可以要求企业提供化学物质的危害和暴露信息；④根据新化学物质登记提供的信息。三是加拿大环境部和健康部开展的研究、检测和监管活动，可为化学物质暴露和对人体健康和环境效应提供信息。四是通过联邦政府开展的其他项目（如加拿大统计局、自然资源局等的项目）获取数据。五是其他监管辖区［不仅包括其他省或地区政府，也包括国外政府管理部门（如 EPA、ECHA 等）］提供的信息。

2.4.3 现有化学物质分类

根据CEPA1999第73条规定，加拿大政府在7年内完成对现有化学物质名录的分类工作，识别DSL中的物质是否具有：①对人体的最大暴露潜能，或②持久性或生物累积性，并且具有对人体及其他生物的固有毒性。如果经过分类确定某种化学物质具有上述特性，那么就必须按照CEPA1999第74条的规定，对化学物质进一步开展筛选级评估工作，并且依据评估结果提出相应的管理建议：

①不采取进一步的管理行动；或

②将物质添加到CEPA1999的优先物质清单（Priority Substances List）中，以进一步对化学物质开展深入的风险评估；或

③将物质添加到CEPA1999附表1的有毒物质清单（List of Toxic Substances）中。

根据法规要求，加拿大环境部和健康部共同负责对现有化学物质的分类工作。其中健康部负责判断化学物质对人体的潜在暴露和固有毒性，环境部负责判断该化学物质持久性、生物累积性以及对动植物的固有毒性。经过7年的努力工作，加拿大于2006年9月完成了DSL物质的分类工作，成为首个完成此类工作的国家。经过对DSL物质的分类筛选，最终筛选出约4 300种化学物质需要进一步关注，采取包括开展筛选级评价、开展测试研究以及必要时对某种化学物质的使用进行控制等措施在内的行动。

2.4.4 风险评估制度

加拿大环境部和健康部负责对优先评估的化学物质开展评估，并将评估结果对外公开。优先评估化学物质主要有四种来源，一是通过筛选级风险评估筛选的，确定物质符合①对人体的最大暴露潜能，或②持久性或生物累积性，并且具有对人体及其他生物的固有毒性的要求（CEPA1999第74条）。二是其他国家因某化学物质的环境或健康原因对其采取禁止或限制措施。三是其他省政府和委员会成员的协商。四是任何人书面给环境部提议并陈述合理缘由的物质。加拿大政府通过风险评估，确认某物质是否属于"有毒"物质。

2.4.5 风险管控制度

加拿大针对不同的管控物质清单，有不同的管理要求。

（1）"有毒"物质

对于评估出的"有毒"物质，用 2～3 年时间，"一品一策"，即针对具体化学物质的环境风险，制定实施全生命周期管控措施。管控措施包括：一是发布法规，全面、部分或有条件地禁止、限制生产、加工使用和进出口，和/或规定排放限值；二是污染防治计划公告，要求企业制订并实施污染防治计划，减少或避免污染物或废物的产生；三是发布最佳技术和最佳实践指南或工作守则；四是发布显著新活动通知，要求在化学物质用途、用量有重大变化时报告，以便政府决定是否控制新用途。

（2）消除物质

对于由人为活动产生，并具有持久性和生物累积性的"有毒"物质，应从环境中消除，即列入实质消除物质清单。"实质消除"是指由于人类活动的结果导致"有毒"物质释放到环境中，通过一定手段最终将化学物质在环境中的数量和浓度降低到规定浓度水平之下。规定浓度水平是指通过灵敏且常规的样品和分析方法可以精确测量的最低浓度。对于列入消除清单的化学物质，政府可以要求涉及该化学物质的企业提交计划，列明企业为消除该物质拟采取的行动以及完成行动的时间，同时可以包括监测物质浓度、数量，环境或健康风险，以及社会、经济或技术等相关信息。目前该清单有 2 种/类化学物质，分别为六氯丁二烯和全氟辛基磺酸及其盐。

（3）禁止物质

加拿大在 CEPA1999 下，于 2012 年制定了特定有毒物质的禁止法规（Prohibition of Certain Toxic Substances Regulations），2013 年 4 月实施。为防止对加拿大环境和人体健康造成危害的潜在风险，禁止某些"有毒"物质的生产、使用、销售或进口，对含有这些化学物质的产品，提供少量的豁免。列在禁止清单的物质均为环境保护法中对环境和人体有害的化学物质，并且是具有持久性和生物累积性的物质。该项法规是加拿大环境部履行《斯德哥尔摩公约》规定的加拿大义务的主要工具。

（4）出口控制物质

根据 CEPA1999 第 100 条，加拿大环境部发布出口管制物质清单。该清单分为 3 部分，第一部分为禁止物质（17 种/类），即在加拿大被禁止使用的物质；第二部分为需发送出口通知或执行事先知情同意的物质（35 种/类）；第三部分为严格限制物质（20 种/类），即在加拿大使用受到限制的物质。环境部部长可以通过行政命令对这些物质进行增加或删减。如果出口这些物质，出口商须提供出口时间及必须提供的相关资料和信息。环境部部长应在环境公报中公布注册物质的名称或规格，出口商的名称和目的地国等信息。

加拿大政府还可以使用 CEPA 1999 之外的风险管理工具来管理"有毒"物质或其他化学物质。可以采取基于其他法规的措施，如加拿大消费品安全法、害虫控制产品法案、食品和药物法等。在做出风险管理决定时，应考虑哪种法规适合管理识别出的风险。如：①添加到化妆品成分常用表：通过提供化妆品中限制或禁止的物质清单，帮助行业满足化妆品销售要求的管理工具；②根据食品和药物法采取各种行动处理食品、药品和保健品；③环境绩效协议：政府和企业或行业之间的一项或多项命令之间的协议；④基于加拿大消费品安全法的召回通知、法规、包装和标签要求。

2.5 我国化学物质环境管理法规政策

我国的化学物质环境管理是通过"以外促内"的方式不断完善的，即通过加入并履行一系列化学物质相关的国际活动及国际公约，不断丰富和完善我国的化学物质环境管理。我国于 1994 年开始执行《伦敦准则》，1999 年 8 月 24 日签署了《鹿特丹公约》。第十届全国人民代表大会常务委员会第十三次会议于 2004 年 12 月 29 日做出了批准《鹿特丹公约》的决定，《鹿特丹公约》于 2005 年 6 月 20 日对我国生效。我国于 2001 年 5 月 23 日签署了《斯德哥尔摩公约》。第十届全国人民代表大会常务委员会第十次会议于 2004 年 6 月 25 日做出了批准《斯德哥尔摩公约》的决定，《斯德哥尔摩公约》于 2004 年 11 月 11 日对我国生效，并适用于中国香港特别行政区和中国澳门特别行政区。我国于 2013 年 10 月 10 日签署了《水俣公约》。第十二届全国人民代表大会常务委员会第二十次会议于 2016 年 4 月 28 日做出了批准《水俣公约》的决定，《水俣公约》于 2017 年 8 月 16 日对我国正式生效。

我国化学物质环境管理在新化学物质环境管理、现有化学物质风险评估、化学品环境管控等方面开展了工作，发布了一系列相关政策技术文件。

2.5.1 新化学物质环境管理

我国从 2003 年开始实施新化学物质环境管理登记,现行有效的管理文件为生态环境部颁布的《新化学物质环境管理登记办法》(生态环境部令 第 12 号,以下简称 12 号令),该办法于 2021 年 1 月 1 日起实施。

新化学物质是指未列入《中国现有化学物质名录》的化学物质。《中国现有化学物质名录》是为配合新化学物质环境管理而公布的"已在中国生产或者进口的现有化学物质名单"的更新版,其收录范围包括 2003 年 10 月 15 日前,已在中国境内生产、加工、销售、使用或进口的化学物质,以及 2003 年 10 月 15 日以后根据新化学物质环境管理有关规定列入的化学物质。《中国现有化学物质名录》由生态环境部组织制定、调整和公布。

我国对新化学物质实行环境管理登记与跟踪管理相结合的方式。根据生产或进口的数量不同,新化学物质环境管理登记分为常规登记、简易登记和备案。新化学物质的生产者或者进口者,应当在生产前或者进口前取得新化学物质环境管理常规或者简易登记证或者办理新化学物质备案。未取得登记证或者未办理备案的新化学物质,禁止用于研究、生产、进口和加工使用。国家通过信息传递、活动报告、新危害信息报告、监督抽查等方式对新化学物质进行跟踪管理。

为实施 12 号令,生态环境部于 2020 年 11 月发布《关于发布〈新化学物质环境管理登记指南〉及相关配套表格和填表说明的公告》(公告 2020 年 第 51 号)。为了配合新化学物质环境管理工作的开展,原环境保护部发布了一系列的技术标准,如《化学品测试导则》《新化学物质危害评估导则》《化学品测试合格实验室导则》《新化学物质申报类名编制导则》等。

为了保证化学物质测试数据质量,规范新化学物质环境管理登记有关化学品测试中介服务,加强后期监管,环境保护部于 2016 年 12 月发布《关于规范化学品测试机构管理的公告》(环境保护部 公告 2016 年 第 85 号)。为规范新化学物质环境管理登记中生态毒理测试数据现场核查工作,环境保护部于 2017 年 12 月发布了《关于发布〈新化学物质环境管理登记生态毒理测试数据现场核查指南〉的公告》(环境保护部公告 2017 年 第 70 号),对核查机构、核查人员、核查对象、核查内容以及核查结果进行了规定。

2.5.2 现有化学物质环境风险评估

2015 年 4 月，国务院印发《水污染防治行动计划》，要求环境保护部牵头组织开展现有化学物质环境和健康风险评估，2017 年年底前公布优先控制化学品名录，对高风险化学品生产、使用进行严格限制，并逐步淘汰替代。2017 年 12 月，环境保护部、工业和信息化部、卫生计生委联合发布了《关于发布〈优先控制化学品名录（第一批）〉的公告》（公告 2017 年 第 83 号）。为贯彻落实《中共中央 国务院关于全面加强生态环境保护 坚决打好污染防治攻坚战的意见》，2020 年 11 月，生态环境部、工业和信息化部、卫生健康委联合发布了《关于发布〈优先控制化学品名录（第二批）〉的公告》（公告 2020 年 第 47 号）。

《优先控制化学品名录》重点识别和关注固有危害属性较大，环境中可能长期存在的，并可能对环境和人体健康造成较大风险的化学物质，目前包括 40 种/类化学物质。《优先控制化学品名录》提出了可能采取的环境风险管控措施选项，包括依法纳入有毒有害大气/水污染物名录、重点控制的土壤有毒有害物质名录等实施环境风险管理；依法实施清洁生产审核及信息公开；依据国家有关强制性标准和《国家鼓励的有毒有害原料（产品）替代品目录》，对相应的化学品实行限制使用或鼓励替代措施。

为加强化学物质环境管理，建立健全化学物质环境风险评估技术方法体系，规范和指导化学物质环境风险评估工作，生态环境部发布了一系列化学物质环境风险评估技术文件。如《化学物质环境风险评估技术方法框架性指南（试行）》《化学物质环境与健康危害评估技术导则（试行）》《化学物质环境与健康暴露评估技术导则（试行）》《化学物质环境与健康风险表征技术导则（试行）》等。

2.5.3 化学物质环境风险管控措施

对于包括持久性有机污染物在内的高环境风险的化学物质，我国通过采取禁止、限制、减排等措施降低环境风险。

（1）禁止

我国通过发布公告禁止生产、流通、使用和进出口了一批持久性有机污染物。主要发布的公告为《关于禁止生产、流通、使用和进出口滴滴涕、氯丹、灭蚁灵及六氯苯的公告》（公告 2009 年 第 23 号）、《关于〈关于持久性有机污染物的斯德哥尔摩公约》新增列 9 种持久性有机污染物的〈关于附件 A、附件 B 和附件 C 修正案〉和新增列硫丹的〈关于附件 A 修正案〉生效的公告》（公告 2014 年 第 21 号）、《关于〈关于持久性有机污染物的斯德哥尔摩公约〉新增列六溴环十二烷修正案〉生效的公告》（公告 2016 年 第 84 号）、《关于禁止生产、流通、使用和进出口林丹等持久性有机污染物的公告》（公告 2019 年 第 10 号）等。同时，我国将禁止生产、流通、使用和进出口的持久性有机污染物纳入《产业结构调整指导目录（2019 年本）》（国家发展改革委令 第 29 号）淘汰类。

为了更好地落实上述化学物质及相关产品的进出口管理，商务部、生态环境部和海关总署先后联合发布了《禁止进口货物目录》（第六批）、《禁止出口货物目录》（第三批）、《禁止进口货物目录》（第七批）和《禁止出口货物目录》（第六批）等。

（2）限制

某些有毒有害化学物质因为在某些特定行业尚不具备替代的条件，则会通过限制的措施，保留化学物质的部分用途来达到风险管控的目的。如在《关于禁止生产、流通、使用和进出口林丹等持久性有机污染物的公告》中，除全氟辛基磺酸及其盐类和全氟辛基磺酰氟在半导体器件的光阻剂和防反射涂层、化合物半导体和陶瓷滤芯的刻蚀剂、航空液压油等可接受用途以外的所有其他用途均被禁止生产、使用、流通和进出口。

为了加强严格限制化学品进出口环境管理，履行国际公约，我国于 1994 年发布了《关于发布〈化学品首次进口及有毒化学品进出口环境管理规定〉的通知》（环管〔1994〕140 号）。进口或出口《中国严格限制的有毒化学品名录》中的化学品的企业，需按照《关于印发〈中国严格限制的有毒化学品名录〉（2020 年）的公告》的规定向生态环境部申请办理有毒化学品进（出）口环境管理放行通知单。进出口经营者应凭有毒化学品进（出）口环境管理放行通知单向海关办理进出口手续。有毒化学品进（出）口环境管理放行通知单实行"一批一单"制，每份放行通知单有效期为 6 个月，在有效期内只能报关使用一次。

（3）减排

对于高环境风险化学物质，除了制定源头的禁止或限制措施，我国还通过制定相关政策减少高环境风险化学物质向环境的排放，达到减少环境风险的目的。2019 年，我国相继发布有毒有害大气污染物名录、有毒有害水污染物名录。

这两个名录主要基于污染物对公众健康和生态环境的危害和影响程度，即在优先控制化学物质的基础上，筛选出具有国家排放标准和监测方法的，且可以实施有效管控的固定源排放的化学物质。涉及有毒有害大气污染物和有毒有害水污染物的企业，均应取得排污许可证，通过在排放口和周边环境定期监测，评估环境风险，排查环境安全隐患等措施，降低环境与健康风险。

第 3 章 化学物质信息收集

欧盟、美国、日本、韩国等发达地区和国家自 20 世纪 70—80 年代开始陆续制定化学物质管控法律和制度体系,并建立了化学物质数据报告或调查制度,如欧盟实施的化学物质注册登记制度、美国实施的化学物质数据报告制度、日本实施的化学物质信息报告,以及韩国实施的化学物质统计调查制度等。学习借鉴国际社会开展化学物质信息收集的经验和做法,采用化学物质数据报告或调查的方式,全面收集化学物质生产、使用、排放等数据信息,可为我国开展化学物质环境风险评估和风险管理提供基础的数据来源,同时也为制定有毒有害化学物质环境风险管控政策和措施等提供数据支持。

3.1 欧盟化学物质注册

3.1.1 发展历程

欧洲议会和欧盟理事会 2006 年通过第 1907/2006(EC)号法规,即 REACH 法规。REACH 法规包含 15 篇 141 条款和 17 个附件,对化学品的整个生命周期实施健全管理。REACH 法规规定了原来由政府主管机构承担的数据收集、整理、公布安全使用等责任转由企业承担,要求生产商、进口商和化学品下游用户对其产品各方面的安全性负责;同时,基于"预防性原则",强调"无数据,无市场",如果化学物质生产商或进口商没有按照法规要求进行注册,则不允许该化学物质以及含有该化学物质的物品或混合物进入欧盟市场或在欧盟市场上销售。

REACH 法规对化学物质实施注册、评估、授权和限制四级管理,实现了对现有化学物质和新化学物质的统一。自 REACH 法规实施以来,也经历了多次修订,包括附件Ⅴ注册义务的豁免、附件ⅧPBT 和 vPvB 物质的判定标准等。

3.1.2 注册要求

REACH 法规规定,化学品生产商或进口商应为欧盟境内年产量或进口量超过 1 t 的化学物质(包括化学物质本身、混合物中的物质或物品中有意释放的物质)向 ECHA 提交注册数据。对于年产量或进口量超过 10 t 的化学物质,其生产商或进口商还需要提交化学品安全报告。

根据 REACH 法规,下列几类物质可免予注册:
- 人用或兽用药品中的物质;
- 食品或饲料中的物质:如食品添加剂、食品调料剂、饲料添加剂、动物营养剂等;
- 植物保护剂;
- 再次进口已注册过的化学物质;
- 用于产品和工艺研发的物质;
- REACH 法规附件Ⅳ、附件Ⅴ中列出的豁免注册的物质。

同时,REACH 法规第 6 条、第 7 条、第 17 条、第 18 条等分别详细规定了化学物质自身或配制品中化学物质、物品中化学物质、现场分离中间体和可转移分离中间体等不同类型化学物质的注册要求。

因 REACH 法规中应注册的化学物质数量庞大,REACH 法规提出了按照化学物质在欧盟的年生产量或进口量的吨位,实施分阶段注册。

①2008 年 6 月 1 日—12 月 1 日,预注册;

②2010 年 12 月 1 日前,产量或进口量大于 1 000 t/a 的分阶段物质、大于 1 t 的 CMR 物质或 SVHC 物质、大于 100 t 的 R50/53 物质完成注册;

③2013 年 6 月 1 日前,产量或进口量 100~1 000 t/a 的分阶段物质完成注册;

④2018 年 6 月 1 日前,产量或进口量 1~100 t/a 的分阶段物质完成注册。

3.1.3 注册内容

根据 REACH 法规第 10 条规定,生产商或进口商注册应包括下列信息:

(1) 技术文件,主要包括:
- 附件Ⅵ第 1~5 部分规定的制造商或进口商身份、化学物质特性、化学物质制造和用途信息、分类和标记、安全使用指南等；
- ➤ 附件Ⅶ～附件Ⅺ的应用中所产生信息的研究摘要；
- ➤ 附件Ⅸ和附件Ⅹ中所列的试验提案；
- ➤ 附件Ⅵ第6部分规定的1~10 t化学物质的暴露信息等。

（2）根据第14条，生产量或进口量大于等于10 t/a 的化学物质，除提交技术文件以外，还必须提交一份化学品安全报告。

附件Ⅵ～附件Ⅺ列出了REACH法规第10条、第12条、第13条、第40条、第41条、第46条注册和评估应提交的信息，其中附件Ⅵ给出了进行注册的具体步骤，包括：

第1步，现有信息收集和共享。注册人应针对某种拟注册物质，收集所有现有的可利用数据，包括对物质相关信息的文献检索，以及暴露、用途、风险管理措施等信息。如果可行，可联合提交注册，减少试验成本，进行数据共享。

第2步，考察所需信息。注册人根据吨位确定需要提交的资料，并使之符合附件规定的标准信息要求。

第3步，确定信息鸿沟。注册人应比较某种化学物质所需的信息与现有可利用的信息，以确定信息的完整程度，确保可利用信息是相关的、质量可靠的，能满足注册要求。

第4步，生成新数据/提出测试方案。如果现有信息不满足相应吨位的注册要求，需要生成新的数据或提出新的测试方案。

第10条（a）项规定的主要信息要求如下：

（1）通用注册人信息

①注册人
- ➤ 姓名、地址、号码、传真、电子邮件；
- ➤ 联系人信息；
- ➤ 必要时，应提供注册人生产地点和自己的使用场所。

②联合提交数据

根据法规要求，部分注册可由一主导注册人代表其他注册人提出，在该情况下，主导注册人应确认其代表的其他成员，并列明以下信息：

a）其他代表人的名称、地址、电话、传真和电子邮件；

b）注册中适用于其他成员的部分。

其他任何注册人应确认代表他们提交资料的主导注册人,并列明主导注册人的以下信息:

a)名称、地址、电话、传真和电子邮件;

b)由主导注册人提交的注册部分。

③第4条指定的第三方

a)姓名、地址、电话、传真和电子邮件;

b)联系人信息。

(2)化学物质的确定

①每种化学物质的名称或其他标识

a)国际理论化学和应用化学联合会(International Union of Pure and Applied Chemistry,IUPAC)系统命名的名称或其他国际通用的化学名称;

b)其他名称(常用名、物品名称和缩写名称);

c)欧洲已存在商业化学物品目录(European Inventory of Existing Commercial Chemical Substances,EINECS)代码或欧洲已申报化学物品目录(European List of Notified Chemical Substances,ELINCS)代码(如有);

d)美国化学文摘社(Chemical Abstracts Service,CAS)名称和号码(如有);

e)其他标识码(如有)。

②与每种化学物质分子式、结构式相关的信息

a)分子式和结构式(包括SMILES码,如有);

b)光学活性和光学异构体(立体)典型比例的信息(如有且适当);

c)相对分子质量或相对分子质量范围。

③每种物质的构成

a)纯度(%);

b)杂质的种类,包括同分异构体和副产品;

c)主要(重大)杂质的百分比;

d)任何添加剂(如稳定剂或抑配制品)的种类和数量级($\cdots\times10^{-4}$,$\cdots$%);

e)光谱信息(紫外、红外、核磁共振或质谱);

f)高效液相色谱,气相色谱;

g)为确定某种物质,要描述或给出适当的参考书目,并且,为确定杂质和添加剂也要描述分析方法或给出适当的参考书目。

(3) 关于化学物质制造和使用的信息

a) 注册人每年需注册物品的生产和/或进口量（t）。

b) 物品制造商或生产商：简要描述物品制造或生产过程的技术工艺（不需要太细，避免商业敏感的描述）。

c) 自用数量说明。

d) 下游用户可得到的物质形式（物质、配制品或物品）和/或物理状态。下游用户可得配制品中物质的浓度或浓度范围以及下游用户可得物品中的物质数量。

e) 确定用途的概述。

f) 源自物质制造、物品使用和确定用途的废物数量和废物组分。

g) 建议反对的用途（如有）。

（注：只要适用，注册人应给出相应的用途指示，包括建议反对的用途和原因。）

(4) 分类和标记信息

a) 源自应用第 67/548/EEC 号指令第 4 条、第 6 条得出的化学物质危害分类；

（注：每一条目都应给出终点无法继续分类的原因，如缺乏数据、数据是非决定性的或虽是决定性的但不足以用于分类）

b) 源自应用第 67/548/EEC 号指令第 23~25 条得出的化学物质危害标记；

c) 只要适用，源自应用第 67/548/EEC 号指令第 4 条第 4 款和第 1999/45/EC 号指令第 4~7 条得出的特殊浓度限量。

(5) 安全使用指南

根据 REACH 法规 31 条要求，需要列明以下信息：

a) 紧急救助措施；

b) 消防措施；

c) 意外释放措施；

d) 处理和储存；

e) 运输信息。

如不要求化学品安全报告，还需提交以下附加信息：

a) 暴露控制/人身防护；

b) 稳定性和反应性；

c) 需要考虑的处置事项、工业回收和处置方法、公众回收和处置方法。

(6) 生产商或进口商注册 1～10 t/a 化学物质的暴露信息

①主要用途种类

a) 工业用途和/或专业用途和/或消费者使用；

b) 工业用途和专业用途的详细说明。

> 在封闭系统内使用和/或；

> 作为内含物或掺杂物使用和/或；

> 非分散性使用用途和/或；

> 分散性用途。

②重要的暴露途径

a) 人体暴露（口和/或皮肤和/或吸入）；

b) 环境暴露（水和/或空气和/或固体废物和/或土壤）。

③暴露方式

a) 意外的/非经常的和/或；

b) 偶然的和/或；

c) 连续的/频繁的。

3.2 美国化学物质数据报告

3.2.1 发展历程

美国是最早建立工业化学物质管控专项法规的国家之一，早在 1976 年就出台了 TSCA 法。TSCA 法要求 EPA 建立了一份美国境内用于商业用途的化学物质清单，要求涉及清单中化学物质的生产者、进口者和加工使用者必须在规定时间内进行数据报告。后经过 TSCA 法的多次修订以及化学物质管理制度的变革，逐渐形成了一套成熟的化学物质数据报告制度（Chemical Data Reporting，CDR），并建立了一系列支撑实施 CDR 制度的技术文件和信息化系统，为 EPA 开展化学品环境管理提供了基础数据。

由 TSCA 法授权，EPA 定期更新并公布在美国以商业目的生产或加工使用的化学物质清单，即 TSCA 法现有化学物质名录，该名录是 EPA 开展化学物质管理工作的基础性清单，并通过新化学物质申报不断进行新增。1986 年，依据 TSCA

法第 8 条规定，EPA 首次开展名录数据更新报告（Inventory Update Reporting, IUR）工作，要求化学物质的生产或进口商就化学物质的名称、用途、数量、加工使用方式等进行定期报告，并以 1986 年为起点，每 4 年为一个报告周期。期间 IUR 制度经过多次修订，2011 年，EPA 发布最新的修订公告，将 IUR 制度更名为 CDR 制度，于 2012 年首次启动 CDR 数据收集，并分别于 2016 年、2020 年进行了 CDR 数据收集。

3.2.2 报告程序

CDR 制度报告的化学物质指在美国国内生产或进口的化学物质，列在 TSCA 法现有化学物质名录中，且不属于美国联邦法典第 40 册环境法规（40 CFR）711.6（a）规定的特定豁免条件的化学物质。在每个 CDR 周期内 CDR 报告要求都会有所调整，2020 年，EPA 发布了最新的 CDR 修订规则，更新了 CDR 报告要求。CDR 报告程序主要包括：①确定化学物质是否符合 CDR 报告的规则；②确定是否属于要报告的制造商（包括进口商）；③确认 CDR 报告需要填写的内容。

（1）确认 CDR 报告的化学物质

生产商（包括进口商）在进行 CDR 报告前，首先需要确认生产或进口的化学物质是否属于 CDR 规定的化学物质范围。TSCA 法现有化学物质名录最早是在 20 世纪 70 年代后期编制的，2017—2018 年，EPA 与企业合作，利用 TSCA 法化学物质名录通知规则，建立"活动物质"和"非活动物质"清单。

根据 TSCA 法规定，聚合物、微生物、某些形式的天然气（汽油、天然气等）、自然界物质（空气、原油、岩石、矿石等）、水等豁免申报。在大多情况下，聚合物也是可以豁免报告的，CDR 对聚合物的定义非常宽泛，几乎包括了所有通常被认为是聚合物的化学物质（如硅氧烷、橡胶、木质素、多糖、蛋白质和酶等）。微生物是一类活的有机体，本身豁免 CDR 报告，但由活微生物产生的化学物质则需要报告。为帮助识别在 CDR 规则下被豁免报告的化学物质，EPA 在 TSCA 法现有化学物质名录中用字母"X"进行了标注。CDR 化学物质列表可通过 EPA 化学物质注册服务平台进行查询。

为了便于企业确认所涉及的化学物质是否用于商业目的，EPA 对生产、生产商、联合生产商、产品、副产品、复杂化学物质、混合物、杂质等都给出了详细解释和案例说明。例如，如果副产品属于 TSCA 法规定的豁免情况，即使其用途为商用,并且后续生产的化学物质需要进行 CDR 报告,但该副产品仍然可以豁免申报;仅作为生产或进口的杂质化学物质,则不需进行 CDR 报告等。

确定化学物质为商用且不属于 TSCA 法豁免情况后,需进一步确认该物质是否列入 TSCA 法现有化学物质名录。由于 TSCA 法现有化学物质名录不包括水合物,因此在填报时需要报告非水合化学物质,即无水部分化学物质的相关数量。例如,X 公司生产 10 万磅(1 磅≈0.45 kg)七水硫酸镁,该产品是硫酸镁和水的混合物,若七水硫酸镁混合物(硫酸镁)的无水部分为 48 838 磅,根据 CDR 规定,X 公司需要申报 48 838 磅硫酸镁。

(2)生产商(包括进口商)的确认

在 CDR 报告周期内,需要考虑任意一年度的生产情况,如果生产商(包括进口商)在任何单一场所生产(包括进口)25 000 磅或以上的化学物质,则要求其进行 CDR 报告。如果同时在国内生产和进口同一种化学物质,则需要考虑国内生产量和进口量,以确定该年化学物质的数量是否达到或超过 25 000 磅的阈值。如果该化学物质是 40 CFR 711.8(b)和 40 CFR 711.15 规定的受限化学物质,且生产量超过 2 500 磅则必须进行 CDR 报告。

对于混合物,报告人要仔细斟酌,在多数情况下,混合物不需要进行 CDR 报告,但需报告组成成分中的化学物质,可通过混合物中化学物质的重量和组成百分比来确定报告的数量。对于成分未知或可变的化学物质、复杂反应产物和生物材料(substances of unknown or variable composition, complex reaction products or biological materials, UVCB 物质),通常作为单一化学物质进行申报。

除根据生产或进口的化学物质及申报阈值判断是否需要 CDR 报告以外,生产商(包括进口商)还需根据 EPA 的标准判断其是否属于微小生产商等豁免条件。表 3-1 为 CDR 报告中生产/进口活动报告及豁免案例。

表 3-1 CDR 报告中生产/进口活动报告及豁免案例

案例描述	申报要求
A 公司生产聚合物的过程中生成了 40 万磅中间体,该中间体称为化学物质 X。化学物质 X 是在反应器 1 中生成,随后与其他物质反应后全部消耗。除了抽样,化学物质 X 不会离开反应器 1	化学物质 X 是一种非分离中间体,可完全豁免,A 公司不需要对化学物质 X 进行报告

案例描述	申报要求
B 公司在聚合物生产过程中生成了 40 万磅中间体，该中间体被称为化学物质 Y。化学物质 Y 是在反应器 1 中生成，需要时会被转移到储存罐。之后将化学物质 Y 转移到反应器 2，与其他反应物反应生成聚合物，化学物质 Y 已被破坏，不会离开反应器 2	化学物质 Y 在转移到储罐时被分离，不符合"非分离中间体"的定义，B 公司需要对化学物质 Y 进行报告
C 公司以薄板的形式进口 1 000 万磅化学物质 Z。C 公司将这些薄板切割成所需的尺寸和形状出售给消费者	化学物质 Z 是一种物品，可进行豁免，C 公司不需要报告化学物质 Z
D 公司以颗粒形式进口 1 000 万磅化学物质 W。D 公司随后将 W 熔铸成所需的形状，直接出售给消费者	化学物质 W 进口时的形态和设计与最终用途无关，D 公司需要对化学品 W 进行报告
D 公司在国内生产 1 000 万磅化学物质 W。D 公司随后以颗粒形式向 E 公司销售化学物质 W。E 公司将其熔化铸造成颗粒	D 公司是化学物质 W 的生产商，所以需要申报。E 公司既没有生产也没有进口化学物质 W，因此不需要报告

3.2.3 报告信息的确认

在确定需要进行 CDR 报告的生产商（包括进口商）后，需填报 CDR 表格 U。EPA 修订了 2020 年 CDR 的申报表格及 e-CDR Web 报告工具，相比 2016 年 CDR 申报，具体见表 3-2。

表 3-2 2016—2020 年 CDR 表格 U 的异同

部分	2016 表格 U 报告工具	2020 表格 U 报告工具
初级表		
母公司信息	第一部分 A	第一部分 A
地址信息	第一部分 B	第一部分 B
技术联系人信息	第一部分 C	第二部分 B
确定化学品	第二部分 A	第二部分 A
生产信息	第二部分 B	第二部分 C C.1 制造业公司 C.2 承包公司 C.3 生产公司
加工和使用信息	第三部分 加工和使用	第二部分 D 节 D.1 工业加工和使用 D.2 消费者和商业使用
保密商业信息证实	第二部分和第三部分，所有部分	第三部分

部分	2016 表格 U 报告工具	2020 表格 U 报告工具
	次级表	
联合提交	第四部分，联合提交，二次提交	次级表
二级公司信息	第四部分 A	次级表第一部分
二次技术联系信息	第四部分 B	次级表第二部分
商品标识信息	第四部分 D	次级表第二部分
二级保密商业信息证实	不适用	次级表第三部分

生产商（包括进口商）生产或进口的化学物质数量超过申报阈值，在没有任何豁免的情况下，则需要报告上述表格内的相关信息。如果某一化学物质属于 TSCA 法规定的特殊情况，则选择性填报表格中的信息。如某些石油类物质的生产商（包括进口商），无须考虑产量，不用填写表格 U 第 II 部-D 部分。

3.2.4 报告内容

根据 TSCA 法规定，当大于 25 000 磅/a（约 11.3 t/a）时，要求报告化学物质的指定用途、物理形态、最大浓度和可能受暴露的工人数量等信息；当大于 300 000 磅/a（约 136 t/a）时，要求报告包括下游用户的全部信息，对每个过程和应用进行描述，列出代码、分类和数量，每个应用的地点和工人数量，以及工业用和消费用的种类、数量和浓度，指明其在与儿童有关产品中的存在情况。EPA 在获取 CDR 的数据后会对现有化学物质进行评估，如果有理由认为人们受到该化学物质暴露或需要更多信息对特定的危害性做进一步确认，TSCA 法允许 EPA 在必要时可要求对现有化学物质进行某项危害性测试和评估。CDR 报告表的基本内容见表 3-3。除了被声明为商业机密的信息，CDR 数据是透明的、向公众开放的。

表 3-3 CDR 报告表的基本内容

报告内容		备注说明
报告声明书		包括姓名和头衔、手工或电子签名、签署日期等
企业和生产场所信息	母公司信息	包括公司名称、具体地址、邓百氏编码等
	生产场所信息	包括生产场所名称、具体地址、邓百氏编码等
	技术联系人信息	包括联系人姓名、所在公司名称、电话、电邮、通信地址等
化学物质生产信息	化学物质标识信息	化学物质名称、CAS 号等唯一识别编码、需要进行保密的化学物质识别信息；如果是联合报告，还需要提供商品名称、联合报告公司的名称及地址等

报告内容		备注说明
化学物质生产信息	生产信息	生产活动类型（制造或进口）、生产量、进口量、使用量、出口量等；企业工人数、化学物质最大浓度、化学物质循环利用情况等；化学物质形态（粉末、晶体、气体、液体）以及各类形态数量
加工和使用信息	工业加工和使用	加工和使用方式代码、所属工业类型代码、化学物质功能代码、各类加工使用方式涉及的化学物质数量、加工使用化学物质的场所数量、涉及的工人数量等
	消费者与商业使用	是否用于儿童产品、产品类别代码、各类别涉及化学物质数量、最大浓度、涉及工人数量等

3.2.5 报告方式和质量控制

CDR 数据收集工作，要求制造商（包括进口商）向 EPA 报告 TSCA 化学物质名录中列出的化学物质的制造、加工和使用信息。为确保数据收集的规范性和准确性，EPA 在官网上给出了 CDR 报告的详细技术要求和说明文件，对报告程序、时间、表格填写等均做了详细介绍。2012 年，CDR 制度变更后首次开展数据收集，EPA 首次要求所有的报告提交者使用中央数据交换中心（Central Data Exchange，CDX）和 e-CDR Web 工具的形式完成报告的电子表格 U（Form U）。由于联合提交的每一方都需要签字，所以每一方都必须在 CDX 上注册，并在同一份表格中填写各自的内容。CDX 根据生产商（包括进口商）填报生成的唯一 ID 号进行匹配，两个报告提交的信息一旦被 EPA 收到并匹配成功，则被合并为一个联合提交进行处理。同时 EPA 也通过 TSCA 热线、CDX 帮助平台以及 e-CDR Web 邮箱等一系列的资源向需要报告的公司提供支持。

CDR 要求每个提交到 EPA 的电子表格要由报告场所被授权的人员签署。每个使用 e-CDR Web 提交的表格将立即加载到 CDR 临时数据库中进行分析。对于不符合报告要求的任何数据异常值或数据集将会被查询和检查。如果确定了任何数据异常或意外的数据集，EPA 将运行额外的查询来验证这些数据和提交的表单，并将其与查询结果进行比较以验证精度。然后 EPA 对选定的报告进行技术审核和数据质量检查。如果在提交的报告表中确定存在错误，EPA 将向报告提交者发出数据质量警报或重大错误通知，通知中说明错误是什么，如果必要的话，要求提交者向 EPA 提供更正信息。

必要时，EPA 后续还会使用电话沟通。如果一个潜在的错误可能对 EPA 数据公开的有效性造成重大的影响，EPA 可能会联系提交者进行澄清。当 EPA 准备公开发布数据时，还会进行额外的数据质量检查。最后，当识别出 CDR 数据不一致和有必要更新数据库时，EPA 会对数据进一步分析。

3.2.6　2020 年最新要求

在 2020 年报告周期内，需要报告 2016 年、2017 年、2018 年、2019 年内涉及的化学物质相关信息，要求制造商（包括进口商）使用 e-CDR Web 工具和 EPA 的中央数据交换中心（CDX）创建电子版填报表格，按报告要求在 2020 年 6 月 1 日—2021 年 1 月 29 日完成在线提交，EPA 不接受纸质版或电子媒体（如磁盘、光盘等）形式的数据提交。

2020 年颁布的 CDR 最新修订规则，主要对联合生产化学物质、行业代码、母公司信息、用途代码、保密要求、豁免要求及小型生产商定义等内容进行了更新。

对于联合生产化学物质，EPA 更新了报告程序，实施多报告方流程，即承包公司为初始提交人，生产公司是最终提交人。工业代码更新使用北美工业分类系统（the North American Industrial Classification System，NAICS）的 6 位数代码，以更好地确定活动报告地点。对于母公司信息的填报，修订的内容包括：拥有最高级别所有权的总公司位于美国境外时，新增对境外总公司的报告要求；更新 40 CFR 711.3 中美国母公司的定义；新增报告人法定名称的填报要求。对于用途代码，以经济合作与发展组织（Organization for Economic Co-operation and Development，OECD）的国际统一功能、产品和物品用途分类（Internationally Harmonized Functional，Product and Article Use Categories）取代了 CDR 中的功能和商业/消费品使用代码，优先评估高风险的化学物质申报必须使用 OECD 的用途分类代码，其他所有化学物质则可使用 OECD 代码或 CDR 原代码。对于 2024 年之后的 CDR 报告，则要求所有化学物质都要使用 OECD 代码。对于联合提交的化学物质功能，当进口混合物时，供应商没有向进口商提供构成混合物组成或配方的化学物质功能特性，进口商仅报告混合物的使用信息，联合提交的次级提交人（境外供应商）负责报告混合物的化学物质组成成分及特定功能。关于信息保密，为了与 2016 年颁布的 TSCA 修正案新要求保持一致，EPA 对 CDR 信息保密要求进行了修改，增加了豁免证明、证明更改、联合提交者保密注意事项等。

按照 CDR 报告要求，对于同一地址报告多个化学物质时，必须在一份表格 U

上报告所有的化学物质信息；如果在不同地址进行报告，则每个地址分别提交表格 U。表格 U 由一份认证声明和 3 部分组成，其中，认证声明和第一部分（公司、地址和联系信息）需要每个报告地址填报一次；第二部分 A~C 的内容为化学物质的标识、特征和生产相关信息，第二部分 D 的内容是化学物质加工、使用相关信息；当数据提交需要对机密性声明进行确认时，则需填写第三部分。

联合提交时，次级提交人和三级提交人需填写次级表格 U（Secondary Form U），该表格主要由 2 部分构成：次级提交者公司信息和化学物质贸易信息（包括化学物质名称、功能分类、委托方信息）。2020 年不同类型生产商（包括进口商）CDR 报告表格提交要求见表 3-4。

表 3-4　2020 年不同类型生产商（包括进口商）CDR 表格提交要求

序号	提交者类型	表格类型
1	生产商	初级表 U
2	联合提交人—第一提交人	
3	联合生产者—委托方	
4	联合生产者—生产方	
5	次级或三级提交人	次级表 U
6	三级提交人	

与 2016 年、2012 年的 CDR 报告相比，2020 年 CDR 报告从报告对象、报告程序、报告要求以及表格形式上均有所更新，对于化学物质生产、加工和使用、消费者与商业使用等核心申报信息的要求，基本没有变化，仅对部分选项的填报要求做了进一步的细化和规范。具体表格见附录 1。

3.3　日本化学物质申报

3.3.1　发展历程

1973 年，日本通过《化审法》，建立了新化学物质事前审查和特定化学物质审查相关制度。《化审法》历经 1986 年、1999 年、2003 年、2009 年、2017 年等多次修订，管理制度和要求逐渐与国际接轨。2009 年后新修订的《化审法》分两个阶段实施，第一个阶段是 2010 年 4 月 1 日，修订法生效；第二个阶段是

2011年4月1日，修订法实施1年后。自2011年4月1日《化审法》进入第二实施阶段，由原来的"危害"管理转为基于"风险"的管理。规定包括现有化学物质在内的"一般化学物质"，如果企业生产或进口数量超过了一定量（1 t/a），自2011年4月1日起则必须每年进行申报。政府将根据基于申报而获知的生产、进口数量，以及有关有害性的已知信息等，对化学物质进行风险评估和筛查，创建一份优先实行风险评估的物质清单，即"优先评估化学物质"（Priority Assessment Chemical Substances，PACs）。

3.3.2 申报要求

日本《化审法》管制的化学物质，是指通过元素或化合物产生化学反应而获得的化合物。为了区分管理新化学物质和现有化学物质，日本早在1973年就编制了现有化学物质名录，包括当前以商业经营为目的而生产或进口的化学物质，但排除以下两类：①为进行试验研究而生产或进口的化学物质；②作为试剂而生产或进口的化学物质。

日本现有化学物质名录收录了约2万种化学物质名称，对于现有化学物质，根据《化审法》第8条第1款规定，每年生产或进口规定数量（具体为1 t）以上一般化学物质[①]的企事业者，必须向经济产业省申报其每年度的生产、进口数量。

对于优先评估化学物质（PACs），《化审法》第9条第1款规定生产或进口规定数量（具体为1 t）以上优先评估化学物质的企事业者，必须对经济产业省申报其每年度的生产、进口数量。第10条规定，优先评估化学物质的生产者或进口者，还需要进行毒性试验并提交相关试验结果。

对于监视化学物质，《化审法》第13条规定，实施监视化学物质的生产、进口者必须每年向经济产业省申报生产、进口的实际数量，并同时申报用途。

对于第二种特定化学物质，《化审法》第35条规定，生产或进口第二种特定化学物质的从业者，或进口其中含有第二种特定化学物质的产品的从业者，在每年度需要报告该第二种特定化学物质的预计生产或进口数量或使用第二种特定化学物质产品的预计进口数量等。

此外，《化审法》第42条规定，优先评估化学物质、监视化学物质或第二种

---

① 本法进行另外规定的优先评估化学物质、监视化学物质、第一种特定化学物质、第二种特定化学物质、新化学物质以外的化学物质定义为"一般化学物质"。

特定化学物质等的从业者需要针对其使用、处理状况做出报告，具体报告要求如图 3-1 所示。

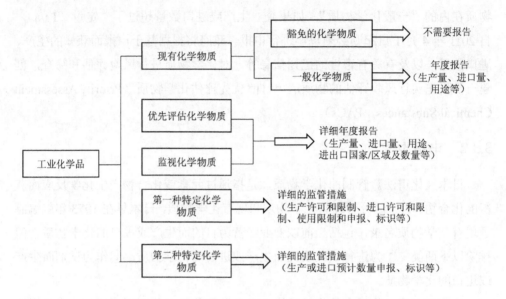

图 3-1 《化审法》中各类化学物质年度报告要求

3.3.3 申报内容

为了更好地进行化学物质申报，日本 2010 年发布了一般化学物质和优先评估化学物质申报准备要求，根据《化审法》要求，在日本年制造或进口超过 1 t 以上的一般化学物质或优先评估化学物质的生产者或进口者，都需要进行申报。但下列情况则无须进行申报：

（1）不适用于"制造"产品的情形

①如从日本公司购买的化学物质按原样出售；

②从日本一家公司购买的化学物质通过混合、成型或净化过程等制成不会引起化学反应的产品的情况。

（2）不适用于"进口"化学品的情形

销售给一般消费者的具有特定形状或混合物的产品。

（3）其他法律规定的不需要申报的情形

①每年在日本制造的化学物质总量和日本进口的化学物质总量低于每家公司

每种化学物质 1 t 的情况；

②为测试和研究目的制造或进口化学物质的情况；

③物质被确认为中间体等低关注度或低产量聚合物的情况；

④制造或进口不属于通知①的物质（指定为无须进行风险评估的物质）的情况。

需申报的信息包括申报人的名称和地址（法人代表的名称）、化学物质名称、类别参考号（MITI 编号）、制造、进口和装运一般化学物质或优先评估化学物质上一财年的实际数量等，具体表格见附录 2。

（1）一般化学物质

①制造量；

②进口量；

③装运量：必须按预期用途提交。

（2）优先评估化学物质、监视化学物质

①制造量：必须按地区提交。

②进口量：需要申报进口国家/地区。

③装运量：必须按地区和使用类别（子使用类别）提交。

搜索类别参考号等时，可使用国家技术与评估研究所（National Institute of Technology and Evaluation，NITE）的化学品风险信息平台（Chemical Risk Information Platform，CHRIP）。

http：//www.safe.nite.go.jp/japan/sougou/view/SystemTop_jp.faces

每年的 4—6 月进行申报，可通过纸质、FD、CD 或电子方式提交，经济产业省为此创建了免费的申报软件。

3.4 韩国化学物质流通统计调查

3.4.1 发展历程

根据韩国《有毒化学品控制法》第 17 条规定，为预防化学品产生的危害，环境部长官有权要求涉及化学物质者提交必要资料以了解化学物质的流通量，

---

① 计划每年添加 2 种通知除外的物质。

环境部长官制订并公布化学物质流通统计调查计划。化学物质流通统计调查自 1998 年起，每 4 年开展一次，截至 2010 年共开展了 4 次。2013 年 5 月韩国议会审议通过《化学品控制法案》(Chemical substances Control Act，CCA，以下简称 CCA 法)，并于 2015 年生效。CCA 法规定化学品的生产或进口企业需根据化学品的性质和使用环节，履行不同的义务，并保留化学物质流通统计调查制度。根据 CCA 法和环境部令要求，化学物质流通统计调查由原来的 4 年一次改为 2 年一次，2015 年是首次新法实施后开展的调查，并分别于 2017 年、2019 年、2021 年开展了 3 次。

3.4.2 调查程序

韩国化学物质流通统计调查的程序主要包括：第一步确认是否为调查对象企业或是否符合调查标准；第二步确认是否实际涉及化学物质或进口化学物质；第三步是登录流通报告系统制作并提交调查表。

（1）调查对象确认

根据调查要求，首先确认是否为调查对象企业或是否符合调查标准，调查企业对象包括：根据《大气环境保护法》、《水质环境保护法》有关法律规定进行"排放设施的安装许可及申报"的企业中符合表 3-5 所述行业的企业，或进口化学物质的企业。2010 年的调查行业对象为韩国标准产业分类（统计厅）的 41 个行业（表 3-5）。

如果企业属于表 3-5 中列出的行业，但企业实际上未涉及化学物质，或虽然涉及了化学物质，当时没有达到调查标准（单一物质 100 kg 以下，混合物质 1 t 以下）的，也不属于调查对象。

CAA 法实施后，2015 年首次启动化学物质流通统计调查，填报数据为 2014 年数据；2017 年启动第 2 次化学物质流通统计调查，填报数据为 2016 年数据。调查企业对象包括：《大气环境保护法》第 23 条第 1 项或《水质环境保护法》第 33 条第 1 项，获得排放设施的设置许可或申报的经营场所；生产加工、存储、使用、进出口化学物质的企业事业单位。至此，经过 20 多年的发展，韩国化学物质流通量调查的行业从最早 1998 年 28 个行业，扩大到所有流通化学品的行业。

表 3-5　2010 年化学物质流通统计调查对象行业

序号	行业代码	调查行业名称	序号	行业代码	调查行业名称
1	5	煤炭、原油及天然气矿业	22	28	电气设备制造业
2	6	金属矿业	23	29	其他机械及设备制造业
3	8	矿业附属服务业（地址调查及探测业除外）	24	30	汽车及拖车制造业
4	10	食品制造业	25	31	其他运输设备制造业
5	11	饮料制造业	26	32	家具制造业
6	12	烟草制造业	27	33	其他产品制造业
7	13	纤维产品制造业；服装除外	28	35	电力、煤气、蒸汽及空气调节供应业
8	14	服装、服装饰品及裘皮产品制造业	29	36	自来水业
9	15	皮革箱包及制鞋制造业	30	37	排水、废水及排泄物处理业
10	16	木材及木制品制造业；家具除外	31	38	报废物收集运输、处理及原料再生业
11	17	纸浆、纸张及纸制品制造业	32	41	综合建设业
12	18	印刷及记录媒体制造业	33	42	专业施工业
13	19	焦炭、烟煤及石油精炼制品制造业	34	46	批发及商品中介业
14	20	化学物质及化学制品制造业；医药品除外	35	49	陆上运输及管道运输业
15	21	用于医疗的物质及医药品制造业	36	50	水上运输业
16	22	橡胶制品及塑料制品制造业	37	51	航空运输业
17	23	非金属光学制品制造业	38	58	出版业
18	24	原生金属制造业	39	73	其他专业科学及技术服务业
19	25	金属加工制品制造业；机械及器具除外	40	95	水利业
20	26	电子零部件、电脑、影像、音响及通信设备制造业	41	96	其他个人服务业
21	27	医疗、精密、光学设备及钟表制造业	—	—	

（2）调查化学物质确认

在 2014 年之前，韩国化学物质流通统计调查的化学物质为《有毒化学品控制法》第 2 条第 1 项规定中提到的化学物质及含有该化学物质的混合物质，包括：年涉及量（入库量或出库量）超过 100 kg 的单一物质；年涉及量超过 1 t 的混合物质；有毒物质、疑似有毒物质，含有排放量调查对象物质的混合物质（如每种产品年涉及量超过 100 kg）。韩国环境部在化学物质流通统计调查指南中对单一物质、混合物的定义给出了说明解释，具体如下所述。

单一物质，主要包括以下几种类型：

①构成产品的化学成分为一种的化学制品（不包括不纯物质）。

②化合物。通过"两种以上不同元素通过化学反应以一定比例构成的物质"方式合成，根据是否含有碳和氢而分成有机化合物和无机化合物。即构成一种化合物的产品划分为单一物质。

举例：苯（有机化合物）、硫化铝（无机化合物）等化合物。

③高分子聚合物。由分子量小的碳环化合物（单体：乙烯等）通过持续的中和反应结合生成；或由一种以上的单体重复连接形成高分子量物质。

举例：聚乙烯：乙烯（单体）通过多重反应得到的（高分子）物质；聚氯乙烯（Poly vinyl chloride）：氯乙烯（Vinyl chloride）通过多重反应得到的（高分子）物质。

注：此时必须"标注高分子聚合物自身的物质名称和 CAS 编号"，而不必标出单体的物质名称和 CAS 编号。

④同位素异构混合物。由分子式相同但结构不同、物理性质或化学性质不同的同位素异构体（o—、m—、p—或 cis—、$trans$—等）构成的，划分为单一物质。

举例：与二甲苯（CAS 号 1330-20-7，混合异构体）、甲酚（CAS 号 1319-77-3，混合异构体）、三甲苯（CAS 号 25551-13-7，混合异构体）等类似的同位素异构混合物产品。

注：使用同位素异构体混合成的产品时，像二甲苯、甲酚等一样填写；而使用由单纯的成分构成的产品时，填写时写成 o—二甲苯（CAS 号 95-47-6）、m—二甲苯（CAS 号 108-38-3）、p—二甲苯（CAS 号 106-42-3）、o—甲酚（CAS 号 95-48-7）、m—甲酚（CAS 号 108-39-4）、p—甲酚（CAS 号 106-44-5）等。

⑤酸性、碱性离子水溶液。将由单一物质构成的产品投入水中溶解，分离浓度可提取。

举例：硫酸、盐酸、氢氧化钠（火碱）等的水溶液（溶解在水中的状态）。

混合物质，主要包括以下几种类型：

①构成产品的化学成分数量超过两种的化学制品。即由两种以上化学物质单纯混合（mixture）、加工产物。

②与用有机溶剂稀释有机合成着色剂并提取的产品、调和漆、黏合剂等类似的混合产品。

③为了防止物质在运输、存放时发生性质变化，或便于识别及出于安全角度考虑而添加进少量稳定剂、防固剂、着色剂、芳香剂、抗菌剂等的产品。

2015年后CCA新法规实施，纳入调查的化学物质及阈值也有调整。其中，化学物质为企业生产加工、存储、使用、进出口的化学物质及化学制品，使用的原料、辅料及添加剂、工程辅助物质（包括用于废水、废弃物处理的化学物质，用于企业事业单位设施及装置维护维修的化学物质）。年活动量超过1 t的化学物质或有害化学品超过100 kg的化学物质纳入调查，其余不纳入调查。

韩国也给出了豁免调查的物质，主要包括：仅在试验、研究或检查场所中使用，仅限于调查员、研究员使用的化学物质；与蓄电池类似，内置于购买使用的机械设备内部的物质；与用作喷涂设施的油漆、建筑材料类似，属于企业设施一部分的化学物质；用于企业内运转、设备启动与维护的物质；办公设备、药品、化妆品等属于办公人员私人用品的物质；用作企业燃料的物质；用于维护企业景观设施等的杀虫剂、肥料等化学物质；拥有固有形态（外观和形态），使用时形状不发生改变的成品（如塑料容器等二次塑料注塑物、无纺布、化学纤维类、金属板壁纸、橡胶手套、铝合金轮毂、电瓶、电子零件等）。

3.4.3 调查内容

韩国在每次开展调查时会总结前次调查的问题，如在开展2010年调查时，会根据2006年的调查分析结果，对照2006年的情况将2010年调查时的不必要项目、需变更项目进行修正和完善，并调整流通统计调查表。

韩国化学物质流通统计调查主要包括一般事项调查和产品流通现状调查。一般事项调查包括企业名称、企业注册号、所在地地址、行业类别、员工人数、作业时间、管辖环境厅、工业园区、流入水系名、水源保护区、大气保护区、排放设施种类、内部防控计划、调查对象及联系信息。产品流通现状调查包括：产品分类、产品名称、用途、产品详细分类、产品组成（单一物质或混合物）、产品形态、年入库量(生产量、进口量、采购量、结转量)、年出库量(使用、销售、出口、库存、损耗报废);对于填写了出口信息的,需要列明出口的产品名称和出口国家;对于混合物,需要填写组成成分的名称、CAS 号、纯度或含量,同时注明成分的填写依据及成分拥有人信息[制造商发行的成分明细、物质安全数据单(Material Safety Data Sheet,MSDS)、试验结果报告、其他、无资料]以及制造分类(合成、分离、精炼、提取、混合、加工、其他)。

企业登录"流通量报告系统",按照"系统使用手册"输入"一般事项调查、产品流通现状"等,并进行确认、保存后提交给地方环境部门领导。企业若不涉及调查的化学物质,只需填写并提交"一般事项调查",并报告未提交"产品流通现状"的原因。

2010 年与 2006 年的调查内容相比,对一般事项和产品流通现状都做了调整,具体调整内容见表 3-6、表 3-7。

表 3-6 一般事项表调整项目及原因

调查表项目	2006 年	2010 年	调整原因
企业名称/代表人/所在地/企业编号	○	○	从已有企业信息数据库中调出数据自动输入,企业确认/修正;新注册企业直接输入
所属行业/工业园区/农村地区工业园区/员工人数/占地面积/年工作天数工作时间	○	○	可选输入,将数据库数据更新到最新
管辖环境厅	○	○	维持现行
流入水系/上游水源保护区域名称水质/大气保全特别对策地区名称大气/水质排放设施种类	○	○	可选输入,将数据库数据更新到最新;企业确认/修正
防控设备/防控药物等		○	从"基于网络的化学事故对应信息提供系统构建(2008—2009 年)"中详细调查

表 3-7 产品流通现状调查项目

调查表项目	2006 年	2010 年	调整原因
格式结构	产品流通现状(组成成分、出口信息、成分拥有人信息)	产品流通现状(组成成分、出口信息、成分拥有人信息)	易于掌握涉及产品出入库现状;防止遗漏提交资料

调查表项目	2006年	2010年	调整原因
产品名称、物质名称、用途、物质形态、出入库量、成分拥有人信息	○	○	增加用途查询功能,易于输入
非点污染源排放量调查对象物质	调查产品是否涉及(制造、进口、使用)	调查产品是否涉及(制造、进口、使用)	与结转一致
不同物质的制造形态	○	○	与结转一致
出口相关信息	欧盟地区出口现状	出口国家现状	事先完成REACH法规注册,了解主要出口国家现状

3.4.4 最新统计调查要求

2015年CAA法实施后,流通统计调查的内容与之前的内容没有本质的区别,但对部分填报项进行了细化和规范。申请表1还是一般事项调查,包括行业分类、企业名称、地理位置等一般信息;申请表2是产品流通情况调查,包括生产、加工、进口、使用、销售等活动涉及的化学物质种类和产品名称,活动量、进出口量、存储量等以及化学物质使用设施的种类和规模等相关信息。

韩国环境部在其官方网站上会提供化学物质统计调查的指南,为调查者提供参考。2017年韩国环境部在CAA法实施后第2次开展化学物质流通量统计调查,调查基准时间是2016年,调查指南概要见表3-8。

表3-8 2017年韩国化学物质统计调查指南概要

调查周期	2年
调查区域	全国范围
调查对象企业事业单位	● 《大气环境保护法》第23条第1项或《水质环境保护法》第33条第1项,获得排放设施的设置许可或申报的经营场所; ● 生产加工、保管存储、使用、进出口化学物质的企业事业单位
调查对象化学物质	● 企业事业单位生产加工、保管存储、使用、进出口的化学物质及化学制品; ● 企业事业单位使用的原料、副原料及添加剂、工程辅助物质; ● 其他企业事业单位使用的化学物质(包括用于废水、废弃物处理的化学物质,用于企业事业单位设施及装置维护维修的化学物质)
调查内容	● 行业分类、企业名称等企业事业单位的一般信息; ● 生产加工、进口、使用、销售等活动的化学物质种类和产品名称,活动量; ● 化学物质进出口量、保管量、存储量等流通量; ● 化学物质使用设施的种类及规模相关信息

提交方法	● 编制并提交化学物质统计调查表（以下简称调查表），或在统计厅官网使用国家统计调查报告系统（以下简称报告系统）中直接编制提交； *调查对象企业事业单位中不适用调查对象化学物质或活动量的情形，也要提交"申请表1"和"豁免申请事由"

注：*不属于调查对象情形-不属于调查对象化学物质：
①用于试验：研究或检查，在受限场所，限于调查研究者而使用的化学物质。
②内置于购买使用的机械：装置内的化学物质，如蓄电池这种。
③作为企业事业单位设施的一部分的化学物质，如用于设施涂漆的染料、建筑资材。
④企业事业单位运行或运转的机器、装置的运转和维护所用的化学物质；但具有另外的存储设施、保管设施的化学物质则作为对象物质。
⑤办公机器、药、化妆品等从业人员作为个人用途使用的物质。
⑥企业事业单位年度活动量在1 t以下的化学物质，但CAA法第2条第7号规定的有害化学物质年度活动量在100 kg以下情形不作为调查对象（2019年后删除该条）。
⑦企业事业单位作为燃料（取暖用）的物质；但产品生产等活动工程上使用的燃料，是调查对象。
⑧具有固定的形状（模样和状态），使用中形象不变化的成品。
⑨用于企业事业单位造景设施等维护的农药、肥料等化学物质。

企业负责填报并提交化学物质流通统计调查表，或在统计厅官网使用国家统计调查报告系统直接填报并提交。若企业不涉及调查对象化学物质或年活动量未超过调查阈值标准，仍需提交"申请表1"和"豁免申请事由"。具体调查工作程序如图3-2所示。

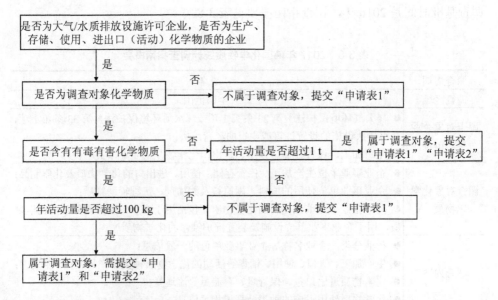

图3-2　2017年韩国化学物质统计调查工作程序

2019 年、2021 年，韩国环境部组织开展了第 3 次、第 4 次化学物质流通统计调查，对之前的调查工作进行了部分更新修订，2019 年调查表见附录 3。

3.5 我国化学物质环境信息调查

3.5.1 调查原则

开展化学物质环境信息调查，目的是获取真实、可靠的化学物质生产、加工使用、环境排放等数据，为持续开展化学物质和新污染物筛查、评估、管控等提供数据支撑，数据收集工作需遵守科学性、可行性、协同性等基本原则。

科学性，是指采用的调查方法科学，采集的调查数据真实，参与调查的对象全面，通过调查数据收集可以客观、真实地反映国内化学物质的生产和加工使用等基本情况。

可行性，是指调查工作能落地、可开展。通过工作部署，各级地方生态环境部门及企业能对标后统筹开展数据调查收集工作，从而提升地方生态环境部门的化学物质环境管理能力，带动企业自主进行有毒有害化学物质减量化，促进企业迈向高质量发展等。

协同性，是指数据收集与固定污染源的"一证式"管理相衔接、相协同，以固定污染源企业为工作开展的初始企业源，在此基础上开展化学物质相关信息的收集，并实现数据共享。

3.5.2 化学物质确认

美国、韩国等发达国家已制定化学物质数据报告或调查制度，多数以列入国家现有化学物质名录中的化学物质为主开展数据收集。为配套新化学物质环境管理登记，环境保护部 2013 年发布《中国现有化学物质名录》，收录了 2003 年 10 月 15 日前已在中国境内生产、销售、加工使用或者进口的化学物质，以及 2003 年 10 月 15 日以后根据新化学物质环境管理有关规定列入的化学物质。截至 2021 年 11 月，《中国现有化学物质名录》（2013 年版）经过 2016 年、2018 年、2019 年、2020 年和 2021 年共 10 余次增补，名录中的化学物质已增至 4.6 万余种。

各国对列入现有化学物质名录中的化学物质、具有特定环境和健康危害的有毒有害化学物质［如具有持久性、生物累积性和毒性的化学物质（PBT）、内分泌干扰性的化学物质（EDCs）、具有致癌、致突变或生殖毒性的化学物质（CMR）等］设定不同的调查阈值。例如，美国 CDR 对现有化学物质、有毒有害化学物质分别设定 25 000 磅、2 500 磅的阈值；而韩国则分别设定了 1 t、100 kg 的调查阈值。

此外，根据各国化学物质专项法规的规定，对天然存在的物质（如水、空气、矿石、原油等）、高分子聚合物、微生物等部分化学物质进行豁免，无须进行数据报告。我国《新化学物质环境管理登记办法》及配套指南中，也列明了可豁免新化学物质登记的特殊情况，主要包括：

➢ 天然存在的物质：如以各种方式从空气中提取的；未经化学加工处理的天然聚合物；未经化学加工处理改变化学结构的生命物质，如核糖核酸、脱氧核糖核酸、蛋白质等生物大分子。

➢ 非商业目的或者非有意生产的类别：如杂质、化学产物、反应过程中的废水、废气、固体废物等。

➢ 其他特殊类别：如材料类、合金类、非分离中间体、物品等。

我国开展化学物质信息调查工作时，可充分借鉴发达国家的化学物质数据报告或调查工作对化学物质的筛选与确定原则，结合实际国情，以中国现有化学物质名录为基础清单开展数据收集，筛选出具有特定环境与健康危害的有毒有害化学物质，并可考虑针对不同的化学物质分别设定报告或调查阈值。同时，与新化学物质环境管理登记保持一致，对豁免进行新化学物质登记的化学物质类别同样豁免其进行数据报告。

化学物质，主要是指企业生产和加工使用涉及的各种化学物质及其混合物，可以是单一物质、化合物，也可以是混合物（即包括无机物、有机物、重金属、高分子聚合物），也包括 UVCB 物质等，但不包括物品。

企业在填报数据时，首先收集生产或加工使用时涉及的所有化学产品和化学原辅料，梳理其中可能含有的化学物质，尤其是一些混合物，需要收集其化学物质组分信息。化学物质信息可通过企业化学品台账、产品安全技术说明书、标签等相关文件资料进行查询，从而在企业层面建立生产或加工使用的化学物质清单。企业化学物质清单建立后，再对照工作的具体要求，筛选确定需进行数据填报的化学物质。

3.5.3 行业筛选

发达国家在开展化学物质数据报告或信息调查时，一般会对涉及化学物质生产、加工使用的行业进行筛选。我国开展化学物质信息调查，同样也需要筛选确定合适的调查行业范围。我国在对固定污染源实施排污许可管理时，为解决排污许可未全覆盖的问题，2019 年将国民经济行业分类的 1 000 多个行业小类中涉及固定污染源的 700 余个小类行业，全部纳入《固定污染源排污许可分类管理名录（2019 年版）》，并进行分级分类管理。固定污染源排污许可管理涉及的行业是目前公认最为全面的，化学物质环境信息调查可与固定污染源"一证式"管理相衔接，以固定污染源排污许可分类管理目录的 700 余小类行业为行业筛选基础范围，参照欧盟化学物质风险评估技术指导文件（Technical Guidance Document on Risk Assessment，TGD）和《化学物质环境与健康暴露评估技术导则（试行）》，结合国内化学物质环境管理工作需求，筛选确定进行数据收集的行业。

为估算化学物质在不同生命周期阶段（生产、加工使用、消费、处置等）的环境排放浓度，欧盟 TGD 文件给出了不同行业的环境排放系数，并针对各工业领域，基于生产工艺、操作条件、用途等构建了暴露场景，以开展化学物质的环境暴露评估。欧盟 TGD 文件中的化学物质生产或加工利用活动的工业领域如表 3-9 所示。

表 3-9　欧盟 TGD 文件中的化学物质生产或加工利用活动的工业领域

工业领域编号	工业领域名称	工业领域说明
IC1	农业	主要涉及种植作物（蔬菜、谷物等）和养牛（生产乳制品、肉类和毛织物）以及相关活动［如害虫防治（使用杀虫剂、兽药）、施肥等］
IC2	基础化工（基础化学品）	化学工业所有分支中普遍使用的物质，通常数量可观。主要的基础化学品包括溶剂、pH 调节剂（酸、碱）等
IC3	化工合成（合成化学品）	调节化学反应过程（如催化剂）或用作中间体的化学物质。中间体指在一系列化学反应过程中，在使用原材料生产和生产出最终产品之间的中间步骤中形成并可以分离出来的化学品
IC4	电子电气	包括电阻器、晶体管、电容器、二极管、灯等组件的制造以及电视、收音机、计算机（PC 和主机）、雷达装置、电话交换机等的生产。生产过程中可能会存在其他组成工艺，主要是电镀、聚合物加工和涂料使用

工业领域编号	工业领域名称	工业领域说明
IC5	个人/家庭用品	包括家庭使用和房屋、家具、厨具、花园等维护所使用的化学物质，以及个人护理品（卫生用品、化妆品等）；在多数情况下，该行业使用的化学品属于配制工艺，如清洁剂（肥皂、洗涤剂、洗衣粉等）、化妆品以及皮革、纺织品和汽车护理产品
IC6	公共领域	包括技术工人在多种场所使用的物质，如办公室、公共建筑、候车室、汽修厂等各车间，建筑物、街道、公园等的专业清洁和维护等。该行业的化学物质大多数为配制工序
IC7	皮革加工	指用生皮制成皮革、皮革染色和用皮革制成产品的行业（如制鞋业）。鞣制是将动物皮（牛等大型动物的皮和绵羊、山羊等小动物的皮）转化为皮革的过程；杀菌剂用于防止生皮在运输、储存和处理过程中变质；防腐剂可防止生皮和毛皮、中间产品和成品的微生物破坏；消毒剂可以减少加工厂中的细菌
IC8	金属提取精炼和加工	包括从矿石中提炼金属、原钢/再生钢和有色金属（合金）制造，以及多种金属加工工艺（成型），如切割、钻孔、轧制等
IC9	矿物油和燃料	涵盖了加工粗矿物油的石化行业。通过物理和化学过程（如通过蒸馏、裂解、铂重整进行分离），生产多种碳氢化合物用作化学工业的原料，以及用于加热和内燃机的燃料
IC10	胶片（摄影材料）	指制造摄影材料的行业，包括胶片等"固体"材料和相纸，也包括胶片和相纸冲洗剂（固体或液体）。此外，还包括胶片和相纸的加工（包含在专业印刷厂的加工）。一般公众对胶片和相纸的处理不属于该行业
IC11	聚合物	包括"塑料"（热塑性）生产的化学工业分支，以及通过各种技术加工热塑性塑料和预聚物的行业
IC12	纸浆、纸张和纸板	指用木材或废纸生产纸浆、纸张和纸板。造纸阶段会使用杀菌剂、染料等造纸添加剂；纸张应用阶段会在进一步加工成品纸过程中使用涂料、油墨和调色剂；纸张回收阶段会经过制浆、洗涤、脱墨等工艺过程
IC13	纺织加工	包括纤维的处理（清洗、纺纱、染色等）、织造和整理（浸渍、涂层等）；合成织物由聚合物制备，通常为不同类型纤维（如棉-聚酯）的混合物。纺织工业中的杀菌剂用于防止昆虫、真菌、藻类和微生物引起的织物变质，并为特定应用提供卫生整理。杀菌剂处理可在纺织品加工之前（如在原纤维的储存和运输期间）和纺织品加工的各个阶段进行。尤其是暴露在户外条件下的织物和地毯都需经过杀菌处理
IC14	涂料油漆和清漆	包括涂料产品（配方阶段）生产（如涂料）和应用
IC15	土木和机械工程	包括木材加工业（如木制家具）、汽车制造业、建筑业等。该行业没有排放或使用类别文件
IC0	其他	除上述行业以外涉及化学物质生产和加工利用的其他行业

美国、日本、韩国等国家均有各自的行业分类和代码，中国国家统计局参照联合国《所有经济活动的国标标准产业分类》，将我国的国民经济行业进行了划分，包括 97 个大类，1 000 多个小类行业。因各国对行业领域的划分标准不尽相同，欧盟 TGD 的行业领域与我国国内国民经济行业分类并不完全一致，而《化学物质环境与健康暴露评估技术导则（试行）》主要参考了欧盟 TGD 各行业的排放系数，考虑到信息调查数据将用于后续化学物质环境暴露评估，因此需要将国内国民经济行业分类对照欧盟 TGD 的行业领域，研究筛选出满足国内化学物质环境管理需要的行业类别，重点是化学物质制造与加工使用的行业领域，作为我国开展化学物质信息数据收集的行业范围。

3.5.4 内容确定

数据调查内容一般是基于数据收集工作开展的目的确定的，化学物质环境信息数据作为国内新污染物治理、化学物质环境风险评估与管理工作最基础的数据来源，为开展新污染物识别与治理、化学物质危害筛查与风险评估、完善《中国现有化学物质名录》、动态发布污染物管控清单等工作提供支撑。

发达国家化学物质数据收集主要包括两部分：一是化学物质生产或加工使用企业/场所等一般信息，包括企业名称、地理位置、行业分类、联系方式等；二是化学物质的生产或加工使用信息，主要包括化学物质名称、CAS 号、组成成分等标识信息，生产量、进口量、使用量、出口量等数量信息，加工和使用方式、工业领域、用途、操作条件等生产活动信息。

生态环境部开展过两次全国重点行业化学物质环境信息调查工作，主要也是收集了两方面信息：一是涉化学物质生产使用的企业信息；二是企业涉及的化学原辅材料信息，包括原辅材料中含有的各种化学物质组分信息、原辅材料生产使用量、用途等。

2020 年，生态环境部发布《化学物质环境与健康暴露评估技术导则（试行）》等三项技术导则，用于指导和规范我国的化学物质环境风险评估工作，并明确了化学物质风险评估的基本数据需求。因此，在开展调查内容研究时，除需收集涉化学物质生产、加工使用的化学物质企业名称、地址、行业类别等企业基本信息外，还应调查了解企业每种化学物质的生产或加工使用工艺、操作条件、在不同用途下的生产或加工使用量、环境排放等用于环境暴露评估的关键数据指标以及尽可能全地收集一些关于化学物质的危害属性信息,为开展化学物质风险评估提供数据。

3.5.5 组织形式

目前,开展全国化学物质环境信息收集工作可由各级生态环境部门负责实施,组织企业进行数据填报。填报工作可采取统一培训、统一发放、分别填报的方式,并明确要求企业对象在规定的时间内报送相关材料。也可采用由工作人员入厂上门发放统计报表,讲解填表方法,告知收取统计报表时间的方式,或两种方法结合使用。为便于数据收集、审核、汇总和分析,需要设计开发用于数据采集的软件或信息化系统,若部分企业确因自身条件原因无法使用信息化系统的,也可填写纸版资料,由他人代为录入形成电子版数据,经企业核对无误后进行上报。

基于获取的化学物质基础数据,根据管理目的,可从区域、行业、化学物质种类等角度对生产、使用和排放等数据信息进行分类统计与分析,也可与以往调查或相关数据进行对比分析,为化学物质精细化、科学化管理提供支持。

3.5.6 数据质量控制

数据质量控制可实行多级审核,即企业对象内部审核、县—市—省级生态环境部门审核,数据质量控制程序如图 3-3 所示。

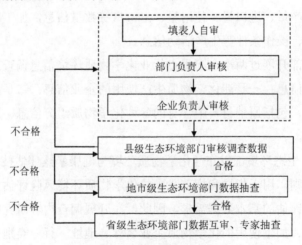

图 3-3 数据质量控制程序

数据质量审核可采用抽样审查的方法进行，审核方式可根据实际情况进行选择，如采用电话复核、多种渠道统计数据对比、与日常监督管理获得的数据进行核对、现场核查等多种方式。在数据审核时，需遵循完整性、规范性、准确性和合理性原则。完整性主要指内容不得漏填或漏报，指标项必须填报完整；规范性主要指各指标的填写是否按照规范填报，填报数据指标的单位是否对应，符合要求；准确性主要指各指标项是否按企业实际情况如实填写，数据是否与企业相关资料上的内容一致；合理性主要指各数据指标间的逻辑关系是否合理。

第 4 章　化学物质筛查技术

通过系统梳理欧盟、美国、日本、加拿大等发达国家和地区化学物质筛查技术，重点分析研究筛查指标、具体的评分排序与分级方法，对我国化学物质筛查技术体系进行探索性研究，为我国落实"筛查—评估—管控"体系下的新污染物治理工作提供借鉴。

4.1　欧盟化学物质筛查技术

4.1.1　概述

欧盟为筛选需要开展优先评估的化学物质，建立的筛选方法主要有欧盟风险分级法（EU Risk Ranking Method，EURAM）和 CoRAP 筛选标准。

在 REACH 法规实施之前，欧盟主要采用 EURAM 方法对欧盟市场上的高产量现有化学物质进行筛查，通过对不同的环境与健康危害、暴露指标进行排序分级，确定需要优先评估的化学物质。

在 REACH 法规实施后，欧盟开展 CoRAP 活动，针对所有已注册化学物质开展筛查，判别优先评估化学物质，然后由欧盟各成员国分别承担进一步的评估工作，以评估这些化学品的生产使用是否存在对人体健康或生态环境的风险，从而确定采取不同的管理措施。

为加强水环境污染物治理，欧盟建立了基于风险的筛选方法——综合基于监测和模型的优选集方法（The combined monitoring-based and modelling-based priority setting scheme，COMMPS），从各种已有的管制清单及监测计划物质清单中，筛选出需要加强监测的水环境优先污染物。

4.1.2 欧盟风险分级筛选方法

EURAM方法基于环境与健康风险进行评分排序，包含环境评分和人体健康评分两个关键环节。环境评分与人体健康评分的乘积用于最终优先级排序。

4.1.2.1 环境评分

环境评分基于对水生环境的潜在风险，综合环境暴露指标与水环境效应指标（图4-1）。其中，环境暴露指标包括化学物质的环境排放量、环境分布与环境降解性；环境效应指标考虑对水生环境生物的慢性毒性数据，如无观察效应浓度（No Observed Effect Concentration，NOEC），如果缺少有效的NOEC数据，则使用水生急性毒性数据，如半数致死浓度（median lethal concentration，LC_{50}）。

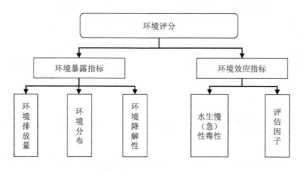

图4-1 环境评分的环境暴露指标与环境效应指标

（1）环境暴露值计算

环境暴露指标的分值计算如式（4-1）所示。

$$环境暴露分值 = 1.37 \times [\lg(排放量 \times 环境分布 \times 降解性) + 1.301] \quad (4-1)$$

式中，化学物质排放量基于生产或进出口量和释放因子进行计算，不同使用类别与排放因子的对应值见表4-1。环境分布值使用麦凯Ⅰ级逸度模型，直接获取化学物质在平衡时的环境介质中分配比例，或者根据模型内置默认参数进行计算。降解性数据主要根据OECD的快速生物降解试验和固有生物降解试验结果进行换算（表4-2）。

表 4-1　不同使用方式下的释放因子

使用类别	释放因子/%
密闭系统中使用	1
使用时使其包含在基体中	10
非分散用途	20
广泛分散用途	100
默认类别	100

表 4-2　水生环境中化学物质的保留分数和生物降解率

生物降解性	保留分数	降解率/%
快速生物降解	0.1	90
固有生物降解	0.5	50
难降解	1.0	0
默认情形	1.0	

（2）环境效应值计算

环境效应值采用欧盟风险评估技术指南文件推荐的评估因子法［式（4-2）］进行计算。

$$\text{环境效应分值} = -2 \times \lg(\text{水生生物关键效应值/评估因子}) \quad (4\text{-}2)$$

首先确定可获取的不同水生生物物种的急（慢）性毒性试验有效数据，优先使用水生慢性毒性数据（如 NOEC），水生慢性毒性数据不足时，使用水生急性毒性数据代替。推荐的评估因子见表 4-3。

表 4-3　环境介质中的评估因子

效应终点	物种数	评估因子
NOEC 或 EC_{10}	≥3	10
NOEC 或 EC_{10}	2	50
NOEC 或 EC_{10}	1	100
L（E）C_{50}	≥3	1 000
L（E）C_{50}	2	1 000
L（E）C_{50}	1	1 000

注：①EC_{10}：10%效应浓度（10% effect concentration，EC_{10}）。
　　②EC_{50}：半数效应浓度（median effect concentration，EC_{50}）。

4.1.2.2 人体健康评分

人体健康评分综合人体暴露和健康效应的计分结果。其中，人体暴露指标包括生产或进口的化学物质通过不同使用方式向环境的排放量，以及化学物质可能在人体中的分布；健康效应指标考虑的健康危害特性较为全面，包括致癌性、致畸性、生殖/发育毒性、呼吸致敏性、皮肤致敏性、重复剂量毒性、急性毒性和刺激性（图4-2）。

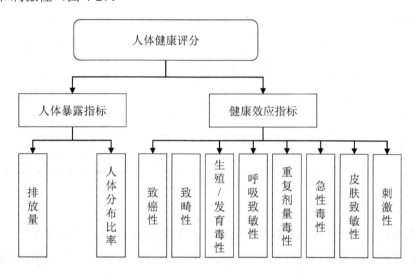

图4-2 人体健康评分的人体暴露与健康效应指标

（1）人体暴露值计算

人体暴露值的计算公式如下。

$$人体暴露值 = 1.785 \times [\lg(排放量 \times 人体分布比率) - 0.398] \quad (4-3)$$

式中，排放量根据化学物质生产量或进口量以及使用类别相关的因子进行计算，可参照环境暴露中排放量的计算方法；人体分布比率指化学物质可能在人体中的分布，根据化学物质的沸点、蒸汽压、辛醇-水分配系数等参数计算，参数分级及对应的化学物质分布值见表4-4。

表 4-4 确定化学品分布所需的参数及分级标准

理化性质	分级标准	人体分布比率/%
蒸汽压/hPa	≤60（950～1 050 hPa）	0.75
	>60～≤200（950～1 050 hPa）	0.5
	200～≤1 500（950～1 050 hPa）	0.25
	>1 500（950～1 050 hPa）	0.05
	默认	0.5
沸点/℃	≥200（20～30℃）	0.75
	0.5～<200（20～30℃）	0.5
	<0.5（20～30℃）	0.25
	<0.5（200℃）	0.05
	默认	0.5
$\lg K_{ow}$	>3	0.25
	≤3	0.00
	默认	0.25

（2）人体健康效应值计算

人体健康效应值根据致癌性、致畸性、生殖/发育毒性、呼吸致敏性、皮肤致敏性、重复剂量毒性、急性毒性和刺激性等危害特性的危害分类及测试结果进行判断，并根据管理要求对每个危害终点进行赋值。

4.1.3 欧洲共同体滚动行动计划筛选方法

CoRAP 筛选方法根据 REACH 法规第 44 款要求，从风险管理的角度出发，设置了清晰的危害、暴露和与风险相关的指标与标准。危害指标主要考虑化学物质是否具有持久性、生物累积性和毒性（PBT），是否具有致癌性、致突变性或生殖毒性（CMR）等，暴露指标主要关注存在广泛分散使用、易造成敏感人群健康问题或生产使用量巨大的化学物质，风险性相关指标主要筛选企业评估报告中风险比率大于 1 的物质以及具有严重危害性的结构类似物的累积暴露（表 4-5）。

CoRAP 筛选是相对简单的标准判别法，依据企业提交的化学物质注册信息，综合考虑化学物质的危害、暴露与风险筛选标准，形成 CoRAP 物质清单。

CoRAP 筛选方法与 EURAM 方法的最大不同就是，CoRAP 筛选要求对于表 4-5 中的指标不能单独使用，需要综合考虑，但并没有明确对危害、暴露和风险筛查指标进行组合或集成的方法。

表 4-5 欧盟 CoRAP 筛选的指标与标准

指标类别	判别标准
危害指标	可能具有持久性、累积性和毒性（PBT）或高持久性、高累积性（vPvB）属性的化学物质；或 已知的 PBT 或 vPvB 类化学物质；或 疑似内分泌干扰物质（EDCs）；或 疑似具有致癌性、致突变性和生殖毒性（CMR）的化学物质；或 已知的 CMR 类化学物质；或 疑似或已知的致敏物质
暴露指标	广泛分散性使用（如使用场所数量多、用途广泛等）；或 消费者使用并且易于造成敏感人群（如幼儿）的暴露；或 数量巨大
风险性相关指标	在企业注册报告中，风险比率大于 1 的化学物质；或 具有严重危害属性的结构相似物质的累积暴露数量巨大

4.1.4 水环境优先污染物筛选方法

COMMPS 方法综合考虑化学物质的暴露水平和危害特性，分别计算化学物质暴露分值与危害效应分值，两者相乘获得每个化学物质的分值，并根据分值进行排序，确定优先污染物。

4.1.4.1 暴露评分

COMMPS 方法中，暴露评分的计算方式有两种：一种是基于监测数据的暴露评分；另一种是基于模型的暴露评分（图 4-3）。根据上述两种评分方式得到监测暴露排序清单、模型暴露排序清单，模型暴露排序清单是监测暴露排序清单的有效补充，可用于补充存在水生环境风险或经水环境的健康风险，但并未在监测范围内的化学物质。基于模型的暴露分值计算与 4.1.2.1.1 节 EURAM 方法中环境暴露值计算方法相同，本节重点介绍基于监测数据的模型分值计算方法。

水环境（含沉积物）中的污染物暴露评分方法如式（4-4）所示。

$$污染物暴露分值 = 10 \times \frac{\lg\left[90百分位环境监测浓度/(最小环境监测浓度 \times 0.1)\right]}{\lg\left[最大环境监测浓度/(最小环境监测浓度 \times 0.1)\right]} \quad (4-4)$$

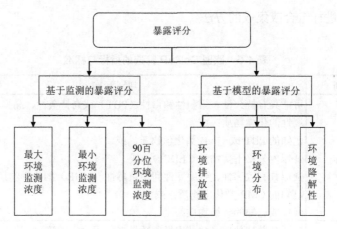

图 4-3 暴露评分指标

式中，90 百分位环境监测浓度是指欧盟范围内所有监测点所测得的对应环境介质中污染物浓度的 90 分位数值；最大和最小环境监测浓度是指各成员国监测的污染物的最大浓度值、最小浓度值（表 4-6）。

表 4-6 最大/最小环境监测浓度默认值　　　　　　　　　　　　　　　　单位：μg/L

污染物类型	最小环境监测浓度	最大环境监测浓度
水环境介质中有机物	1×10^{-4}	100
水环境中金属化合物	0.2	200

4.1.4.2 危害效应评分

在危害效应评分中，重点考虑水环境的直接危害效应，兼顾间接危害效应和经环境的健康危害效应，计算方法如下。

危害效应评分=0.5×直接效应+0.3×间接效应+0.2×经环境的危害效应　　（4-5）

式中，直接危害效应指标包括污染物的预测无效应浓度（Predicted No Effect Concentration，PNEC），以及有机污染物或无机污染物的默认最大/最小预测无效应浓度；间接危害效应指标包括生物富集系数（bioconcentration factor，BCF）和辛醇-水分配系数（octanol-water partition coefficient，K_{ow}）；经环境的健康危害指标考虑致癌性、致突变性、生殖毒性以及其他慢性毒性（图 4-4）。

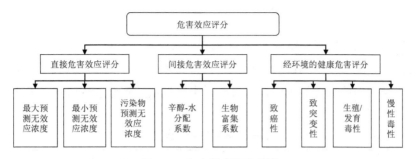

图 4-4 危害效应评分指标

(1) 直接危害效应值计算

水环境介质中的直接危害效应值的计算方法如下。

$$直接危害效应值 = 10 \times \frac{\lg[\text{PNEC}/(\text{PNEC}_{max} \times 10)]}{\lg[\text{PNEC}_{min}/(\text{PENC}_{max} \times 10)]} \times 权重值 \quad (4\text{-}6)$$

式中，PNEC 为污染物的预测无效应浓度；PNEC_{min} 和 PNEC_{max} 的默认值如表 4-7 所示，有机物与重金属化合物的预测无效应浓度默认值不同；有机物与重金属化合物的权重值也不同，有机物的权重值为 5，金属化合物的权重值为 8。

表 4-7 最大/最小预测无效应浓度默认值　　　　　　　　　单位：mg/L

污染物类型	PNEC_{min}	PNEC_{max}
水环境中有机物	1×10^{-6}	1
水环境中重金属化合物	1×10^{-6}	0.1

(2) 间接危害效应值计算

间接危害效应值根据 BCF 或 $\lg K_{ow}$ 判断，且同等条件下，优先依据 BCF 判定分值，判定依据如表 4-8 所示。

表 4-8 间接水生危害效应分值的计算

分子量	BCF	$\lg K_{ow}$	分值
>700	<100	<3	0
<700	100~1 000	$3 \leqslant \lg K_{ow} < 4$	1
	1 000~10 000	$4 \leqslant \lg K_{ow} < 5$	2
	>10 000	$\geqslant 5$	3
	默认值	默认值	3

(3) 人体健康效应值计算

人体健康效应值根据欧盟 CLP 法规划分的风险短语对致癌性、致突变性、生殖发育毒性、经口慢性毒性等进行判断，并大致按照致癌性＞致突变性＞生殖发育毒性＞经口慢性毒性的顺序，对每个危害终点从高到低进行赋值（表 4-9）。

表 4-9 人体健康效应分值

致癌性	致突变性	生殖毒性	慢性毒性（经口）	分值
可能致癌	可能导致遗传性基因损伤	可能会损害生育能力或可能对未出生的孩子造成伤害	—	2
致癌作用的有限证据	致癌作用的有限证据	生育能力受损的可能风险、可能对未出生婴儿造成伤害的风险、可能对母乳喂养的婴儿造成伤害	—	1.8
—	无测试	无测试	长期接触（反复接触）对健康造成严重损害的危险、吸入剧毒、皮肤接触剧毒	1.4
—	—	无测试	长期接触对健康造成严重损害的危险	1.2
—	—	—	—	1
—	—	—	—	0

4.2 美国化学物质筛查技术

4.2.1 概述

EPA 通过实施 TSCA 工作计划（TSCA Work Plan）建立指标判定与多指标评分相结合的筛选方法，针对本国现有化学物质筛选出需评估的化学物质。基于这种筛选方法，EPA 于 2012 年筛选出 83 种化学物质，2014 年更新数据后重新筛选出 90 种化学物质。

EPA 在 2016 年 TSCA 法修订之后又建立了高优先评估化学物质筛选方法，分为近期和长期两种。近期方法主要以 TSCA 工作计划中化学物质为基础开展进一步筛选；长期方法则是主要针对 TSCA 工作计划之外的现有化学物质，将未列入 2014 年工作计划中的 4 万多种现有化学物质大致分组，通过分组来指导高优先级评估化学物质的筛选。

4.2.2 TSCA 工作计划筛选方法

TSCA 工作计划筛选的第一步是逐一判定化学物质是否满足选定的单指标标准，第二步多指标评分是通过基于危害与暴露的多指标评分，确定需要进一步审查或评估的化学物质。

4.2.2.1 单指标判定

在单指标判定的步骤中，EPA 设置了如下筛选指标：①对儿童健康有潜在影响（如生殖或发育影响）；②具有持久性、生物累积性和毒性；③可能或已知的致癌物质；④具有神经毒性；⑤在儿童产品中使用；⑥在消费品中使用；⑦在生物监测项目中检出。

满足以上一个或多个指标要求的化学物质，在排除杀虫剂、药品、激素和药理化学物质、放射性物质、聚合物，以及气体、常见的天然化学物质、燃烧产物、常见的油或脂肪、简单的植物提取物，具有爆炸性、自燃、高反应性或腐蚀性的化学物质，主要具有环境危害的金属等之后，形成备选化学物质清单开展下一步多指标评分。

4.2.2.2 多指标评分

多指标评分是分别对化学物质的危害、暴露和潜在的持久性或生物累积性这三方面进行评分并加和，然后根据总分进行分级（图 4-5）。

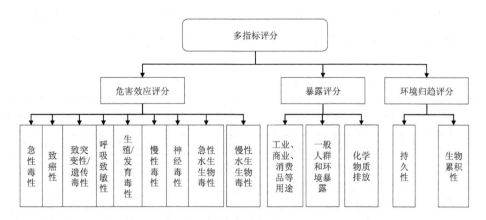

图 4-5 多指标评分的危害、暴露与环境归趋指标

根据对危害效应、暴露及环境归趋评分,进行总分制计算,对不同得分情况进行分类分析,筛选得到 TSCA Work Plan 化学物质,以进一步通过近期方法开展高优先级化学物质筛选(图 4-6)。

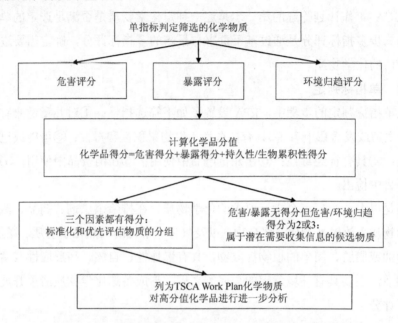

图 4-6 多指标评分识别 TSCA Work Plan 化学物质示意图

(1)危害效应评分

危害效应评分综合考虑了环境与健康危害指标,基于 GHS 分类和危害评估的替代评价标准,将化学物质危害性分为高、中、低三个水平(表 4-10)。

表 4-10 危害效应评分标准

危害效应		高	中	低
得分		3	2	1
急性毒性	经口 LD_{50}/(mg/kg)	≤50~300	>300~2 000	>2 000
	经皮 LD_{50}/(mg/kg)	≤200~1 000	>1000~2 000	>2 000
	吸入 LC_{50}(气体/蒸气)/(mg/L)	≤2~10	>10~20	>20
	吸入 LC_{50}(烟雾/粉尘)/[mg/(L·d)]	≤0.5~1.0	>1.0~5	>5
致癌性		GHS1A/B 类、2 类	限制动物	阴性或 SAR 结果
致突变性/遗传毒性		GHS1A/B 类、2 类	体内测试/体外测试结果阳性	阴性结果

	危害效应	高	中	低
生殖毒性	经口/[mg/(kg·d)]	<50	50~250	>250
	经皮/[mg/(kg·d)]	<100	100~500	>500
	吸入（气体/蒸气）/[mg/(L·d)]	<1	1~2.5	>2.5
	吸入（烟雾/粉尘）/[mg/(L·d)]	<0.1	0.1~0.5	>0.5
发育毒性	经口/[mg/(kg·d)]	<50	50~250	>250
	经皮/[mg/(kg·d)]	<100	100~500	>500
	吸入（气体/蒸气）/[mg/(L·d)]	<1.0	1.0~2.5	>2.5
	吸入（烟雾/粉尘）/[mg/(L·d)]	<0.1	0.1~0.5	>0.5
神经毒性	经口/(mg/kg~bw/d)			
	90d（13周）	<10	10~100	>100
	40~50 d	<20	20~200	>200
	28d（4周）	<30	30~300	>300
	经皮/(mg/kg~bw/d)			
	90d（13周）	<20	20~200	>200
	40~50 d	<40	40~400	>400
	28d（4周）	<60	60~600	>600
慢性毒性	吸入/(mg/kg~bw/d)			
	90d（13周）	<10	10~100	>100
	40~50 d	<20	20~200	>200
	28d（4周）	<30	30~300	>300
	经皮/(mg/kg~bw/d)			
	90d（13周）	<20	20~200	>200
	40~50 d	<40	40~400	>400
	28d（4周）	<60	60~600	>600
	呼吸致敏性	GHS1A/B；证据支持有潜在呼吸致敏性		无证据支持有潜在呼吸致敏性
急性水生生物毒性	LC_{50} 或 EC_{50}/(mg/L)	<1.0~10	>10~100	>100
慢性水生生物毒性	NOEC 或 LOEC/(mg/L)	<0.1~1	>1~10	>10

注：①SAR：结构-活性关系（Structure-Activity Relationship，SAR）。
②LOEC：最低可观察效应浓度（Lowest Observed Effect Concentration，LOEC）。
③LD_{50}：半数致死剂量（Median Lethal Dose，LD_{50}）。

（2）暴露评分

暴露评分考虑化学品的用途、人群暴露、环境暴露以及排放信息等指标。其中，用途打分包括工业用途、商业用途和消费品用途等；一般人群和环境暴露打分主要基于生物和环境介质监测数据；环境排放打分对于列入 EPA 的有毒物质排放清单（Toxics Release Inventory，TRI）中的化学品，采用 TRI 报告的数据，对未列入 TRI 清单的化学品则利用 CDR 中的化学品产量、企业数量和用途类型数据进行推算。暴露评分标准如表 4-11 所示。

表 4-11 暴露评分标准

I．用途			
得分		标准	
3		广泛使用的消费品，具有高暴露可能性	
2		小范围使用的消费品，具有较低暴露可能性	
1		商业用途，有一定暴露可能性	
0		未报告的商业用途，一般没有暴露可能性	
II．一般人群和环境暴露			
得分		标准	
3		存在于生物体内（人类、鱼、动物或植物可监测到），或在饮用水、室内空气和房间粉尘中检出	
2		在生物体内没有，但被报道在 2 个或更多环境介质中检出	
1		报道只在一种环境介质中检出	
III．排放			
III.A. TRI 化学品排放评分			
得分		标准	
3		>100 000 磅/a	
2		5 000～100 000 磅/a	
1		<5 000 磅/a	
III.B. 非 TRI 化学品排放评分			
	III.B.1	IUR 报告的生产量	对于非 TRI 化学品，计算暴露评分时，将产量、场地数、工业用途和商业使用的分值相加，根据下列标准判断该指标的最终分值。 高（3）= 9～12 中（2）= 7～8 低（1）= 4～6
得分	3	≥1 000 000 磅/a	
	2	≥500 000～999 999 磅/a	
	1	<500 000 磅/a	
	III.B.2	IUR 报告的生产、加工和使用场地数	
得分	3	≥1 000	
	2	100～999	
	1	<100	

		Ⅲ.B.3	IUR 工业加工及使用	对于只有三项指标的（含两种用途之一）： 高（3）= 7～9 中（2）= 5～6 低（1）= 3～4
得分	3		高排放可能性	
	2		中等排放可能性	
	1		低排放可能性	
		Ⅳ.B.4	IUR 商业使用	
得分	3		高排放可能性	
	2		中等排放可能性	
	1		低排放可能性	

（3）环境归趋评分

对化学物质环境归趋的评分涉及持久性和生物累积性 2 个指标，其中，持久性主要根据对化学物质在大气、水、土壤和沉积物中的半衰期进行评分；生物累积性根据生物蓄积系数（Bioaccumulation Factor，BAF）或 BCF 评分。环境归趋的评分标准如表 4-12 所示。

表 4-12　环境归趋评分标准

Ⅰ. 持久性	
得分	标准
3	半衰期>6 个月
2	半衰期≥2 个月
1	半衰期<2 个月
Ⅱ. 生物累积性	
得分	标准
3	BCF 或 BAF>5 000
2	BCF 或 BAF≥1 000
1	<1 000

4.2.3　高优先评估化学物质筛选方法

EPA 的高优先评估化学物质筛选方法中，近期方法和长期方法筛选的化学物质范围不同。近期方法主要是建立一种筛选程序，长期方法则是在 TSCA Work Plan 筛选方法学基础上对化学物质进行分组。

4.2.3.1　高优先级化学物质筛选的近期方法

通过近期方法可以识别高优先评估化学物质和低优先评估化学物质，筛选程序包括6个阶段（图4-7）：①选择备选优先评估化学物质；②发布备选化学物质清单；③筛选审查；④提出优先评估建议；⑤指定优先评估化学物质；⑥调整修正。本节重点介绍高优先级化学物质筛选。

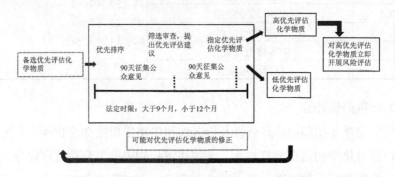

图4-7　近期方法筛选优先评估化学物质示意图

为在规定时间内完成筛选流程，EPA非常重视化学物质风险评估所需数据及信息的识别，并建立专门的信息识别方法（图4-8），以在早期阶段就排除化学物质优先评估中不可用的数据源，提高审查效率。

图4-8　信息识别示意图

4.2.3.2　高优先级化学物质筛选的长期方法

长期方法是在TSCA Work Plan筛选的方法学基础上，对未列入2014年TSCA Work Plan化学物质名单的现有化学物质进行分组，应用矩阵法拟合分组评分和信息可用性两组指标。

分组评分由人体危害暴露比、生态危害、遗传毒性、易感人群、持久性/生物累积性等方面的指标决定（图 4-9），与 TSCA Work Plan 的筛选指标并不完全一致，而且各指标的评分方法也更加科学。

信息可用性评分由化学物质的中间体用途、环境半衰期、水溶解度、分子量，以及是否聚合物等标准确定。

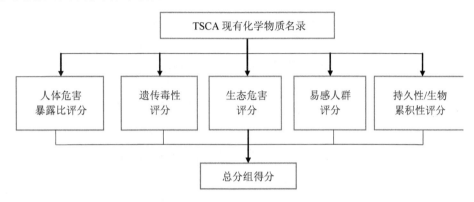

图 4-9　分组得分计算示意图

（1）人体危害暴露比评分

人体危害暴露比评分基于决策树计算，其中包括一个分层的危害选择过程以及应用 ExpoCast 模型的暴露预测（图 4-10）。其中，暴露预测包含产量和使用方式，并根据普通人群的生物监测数据进行校准。考虑基于挥发性的两种主要途径作为暴露途径的替代，对于非挥发性物质，用经口途径的重复剂量毒性研究的毒性起始点除以暴露剂量估计中值，得到危害暴露比（Hazard-to-Exposure Ratio，HER）；无法获得体内研究数据时，利用高通量毒代动力学方法将体外的生物活性估计值转换为口服剂量当量，并除以暴露估计值以得到生物活性-暴露比（Bioactivity-to-Exposure Ratio，BER）；如果体内和体外研究数据都无法获得，则计算毒性阈值（Threshold of Toxicological Concern，TTC），将其除以暴露量估计值，得到毒性阈值暴露比（TTC-to-Exposure Ratio，TER）。根据 HER、BER 或 TER 值的大小，将以分层的方式分配人类危害暴露比的分值。优先顺序是 HER＞BER＞TER。对于挥发性物质，将优先利用吸入途径的体内重复剂量毒性研究得到的毒性起始点。如果无法估计化学物质的 HER、BER 或 TER 值，则标记以便将来收集信息。

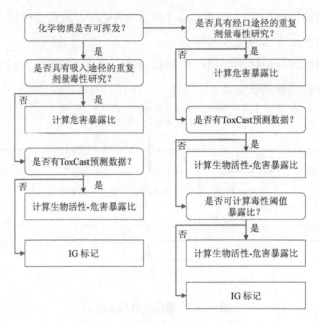

图 4-10　人体危害暴露比计算流程

（2）遗传毒性评分

遗传毒性评分的计算涉及两个层次的评估，评估基于脱氧核糖核酸（Deoxyribo Nucleic Acid，DNA）损伤（如致突变性、致断裂）和管理评估中使用的典型遗传毒性试验（图 4-11），遗传毒性组成部分的总得分将通过使用致突变性/DNA 损伤和致断裂性来计算。第一层次是评估一种化学物质的致突变性和 DNA 损伤的潜在效力。优先使用标准的体内研究数据；如果没有体内研究数据，则使用体外研究数据，如细菌回复突变试验、体外哺乳动物细胞基因突变试验；如果没有体外研究数据，则使用毒性评估软件工具预测潜在的致突变性。没有体内、体外或计算机模拟数据的化学物质将被标记，以便将来收集信息。

第二层次是评估物质的潜在致断裂性。优先使用标准的体内研究数据，如哺乳动物红细胞微核试验和哺乳动物骨髓染色体畸变试验；如果没有体内研究数据，使用体外研究数据，例如，体外哺乳动物细胞微核试验和体外哺乳动物染色体畸变试验；最后，如果体内或体外研究数据均缺失，可以使用 OECD 的定量结构-活性关系（Quantitative Structure-Activity Relationship，QSAR）工具箱（QSAR Toolbox）预测潜在的致断裂性。对没有体内、体外或计算机模拟数据的化学物质进行标记以进一步收集信息。

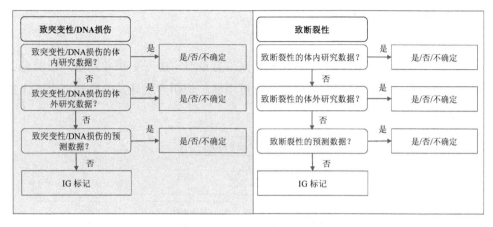

图 4-11 遗传毒性评分流程

（3）生态危害评分

生态危害评分涉及与 TSCA Work Plan 筛选指标类似的急性水生毒性和慢性水生毒性。试验数据包括致死、生殖和生长终点。对于每种化学物质，将半数致死浓度（LC_{50}）或半数效应浓度（EC_{50}）作为急性毒性终点，将无观察效应浓度（NOEC）或最低可观察效应浓度（LOEC）作为慢性毒性终点；如果试验数据缺失，则分别使用 EcoSAR 模型和毒性评估软件工具预测急性水生毒性的 LC_{50} 和 EC_{50} 值。将生态危害部分的评分作为试验或预测的效力值的函数来计算。标记没有试验数据或模型预测值的化学物质，以便将来收集信息。此外，将试验得到的效力值与化学物质的水溶性进行比较，并标记效力值大于水溶解度的化学物质。

（4）易感人群评分

易感人群评分以儿童潜在的暴露为基础。在儿童产品中的存在情况将根据 EPA 消费产品数据库（Chemical and Products Database，CPDat）和 EPA CDR 的结果加以识别。标记没有 CPDat 或 CDR 数据的化学物质，以进一步收集信息。

（5）环境归趋评分

持久性/生物累积性评分参照 TSCA Work Plan 筛选中的评分方法，基于生物体长时间暴露和在食物链潜在累积的可能性计算持久性/生物累积性评分，根据大气、水、土壤和沉积物中潜在的半衰期，兼顾化学物质的分配特性以及所有基于标准理化特性和环境归趋参数的潜在去除途径，评估物质的持久性。生物累积性则由 BAF 或 BCF 表示。试验数据缺失时，利用 EPI Suite 和 OPERA 模型预测化学物质的持久性和生物累积性。

（6）信息可用性评分

用于开展风险评估的危害信息和暴露信息量通常由专家指导判断，但是难以通过专家判断评估所有化学物质的信息可用性。长期方法开发的信息可用性评分流程如图 4-12 所示。

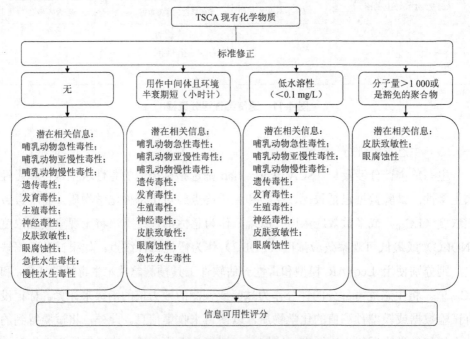

图 4-12　信息可用性评分示意图

信息可用性评分根据相关列表中可用于特定化学物质的潜在相关信息计算。缺失的信息将被标记，以备进一步收集信息。

4.3　日本化学物质筛查技术

4.3.1　概述

2009 年，日本修订《化审法》引入了"优先评估化学物质"（PACs）的概念，这类物质在环境中大量存在，可能会对人体健康和生态环境产生危害。日本经济产业省针对本国现有化学物质制订了 PACs 筛查计划，依据企业申报的化学物质生产使用量等信息，结合化学物质的环境危害与健康危害两个方面设计筛查技术方法，对于年进口或生产量超过 1 t 的化学物质开展优先评估物质的筛查。

根据筛查结果，日本将年排放量大且有可能危害人体健康或可能损害环境动植物的繁殖或生育能力、有必要进一步收集危害和暴露信息的化学物质，列为优先评估化学物质。通过开展详细的风险评估，进一步识别优先评估化学物质的危害及风险程度，并采取必要的管理措施，确保风险在可接受范围。

4.3.2 优先评估物质筛查方法

优先评估物质的筛选分为人体健康筛查评估与生态环境筛查评估，均使用矩阵法进行风险分级。

4.3.2.1 人体健康筛查评估方法

人体健康筛查评估基于健康危害分级和暴露分级，通过矩阵法综合健康危害与暴露的分级结果。健康危害分级包括致癌性、致突变性、生殖/发育毒性和特异性靶器官毒性（反复接触）等，暴露分级主要依据企业申报的化学物质生产量、化学物质用途及用量以及化学物质的环境排放因子（图 4-13）。

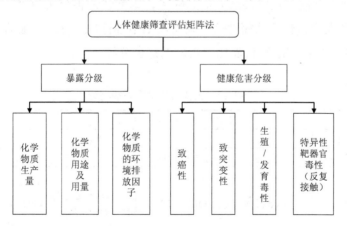

图 4-13 人体健康筛查评估的暴露与危害指标

（1）暴露分级

化学物质的暴露分级是按化学物质生产量、使用量和相应的排放因子估算排向大气和水体的全国总排放量，划分为 5 个暴露等级（表 4-13）。考虑污水处理厂和环境的降解性，还需给出与人体健康相关的暴露分级。

表 4-13 暴露等级划分

暴露等级	向环境排放总量/t
等级 1	超过 10 000
等级 2	1 000～10 000
等级 3	100～1 000
等级 4	10～100
等级 5	1～10
不适用	少于 1

（2）健康危害分级

健康危害分级涉及的人体健康危害指标包括致癌性、致突变性、生殖/发育毒性和特异性靶器官毒性（反复接触），划分为 5 个健康危害等级（表 4-14）。致癌性和致突变性是无阈值的健康毒理学危害特性，生殖/发育毒性和特异性靶器官毒性（反复接触）是有阈值的健康毒理学危害特性，在进行危害分级时，无阈值危害特性比有阈值的危害特性高一个级别。如果化学物质的致突变性和特异性靶器官毒性（反复接触）信息缺失，则默认危害分级为"2"；如果化学物质的生殖/发育毒性和致癌性信息确认，则不进行危害分级。最后选择 4 个危害类别中的最高危害级别代表化学物质的危害分级。

表 4-14 人体健康危害等级划分

危害指标	危害等级/[mg/(kg·d)]					备注
	等级 1	等级 2	等级 3	等级 4	不适用	
特异性靶器官毒性（反复接触）	未设定	≤0.005	0.005～≤0.05	0.05～≤0.5	>0.5	第二类监测物质判别标准
	未设定	28 d 反复接触 NOEL≤25	25<28 d 反复接触 NOEL≤250	28 d 反复接触 NOEL>250		
	未设定	90 d 反复接触 LOAEL≤10	10<90 d 反复接触 LOAEL≤100	90 d 反复接触 LOAEL>100		GHS 分类标准
生殖/发育毒性	未设定	≤0.005	0.005～≤0.05	0.05～≤0.5	>0.5	美国 EPA 标准
	未设定	LOAEL≤50	50<LOAEL≤250	LOAEL>250		

危害指标	危害等级/[mg/(kg·d)]					备注
	等级1	等级2	等级3	等级4	不适用	
致突变性	GHS类别1A	GHS类别1B、2	《化审法》所有致突变性试验阳性	《化审法》一项诱变性试验呈阳性	致突变性测试均为阴性,或GHS类别以外,或体内试验阴性	
	未设定	在任何致突变性测试中都呈强阳性		一项致突变性试验呈阳性	所有致突变性试验均为阴性	第二类监测物质判别标准
	已知可诱导人类生殖细胞跨代突变的物质	被认为/可能被认为在人类生殖细胞中引起跨代突变的物质			有信息但未分类为第1类或第2类的物质	GHS分类标准
致癌性	IARC 1-本职业卫生学会类别1 ACGIH类别1等	IARC 2A/B-本职业卫生学会类别2A/B ACGIH类别A2 A3等	未设定	未设定	IARC 3、4 ACGIH类别A4 A5等	
	已知对人类致癌的物质	可能/怀疑对人类致癌的物质			有信息且未分类为第1类或第2类的物质	GHS分类标准

注:①LOAEL:最低可见有害作用水平(Lowest Observed Adverse Effect Level, LOAEL)。
②IARC:国际癌症研究机构(International Agency for Research on Cancer, IARC)。
③ACGIH:美国政府工业卫生学家会议(American Conference of Governmental Industrial Hygienists, ACGIH)。
④体内试验为阴性时,如果体外试验结果为阳性,将进行专家判断。

生殖/发育毒性和特异性靶器官毒性(反复接触)的危害分级基于危害评估值,用无可观察有害效应水平(No Observed Adverse Effect Level, NOAEL)等毒性试验数据除以不确定性系数进行计算,两种危害应用的不确定性系数的选择见表4-15、表4-16。

表 4-15 特异性靶器官毒性（反复接触）的不确定性系数

数据要求		不确定性系数
种间差异		10
个体差异		10
测试时间	90 d 以内	6
	90 d 至 12 个月	2
	12 个月以上	1
LOAEL 采用		10

表 4-16 生殖/发育毒性的不确定性系数

数据要求	不确定性系数
种间差异	10
个体差异	10
LOAEL 采用	10

4.3.2.2 生态环境筛查评估方法

化学物质生态环境筛查评估基于水环境危害分级和暴露分级，通过矩阵法综合水环境危害与暴露的分级结果。水环境危害分级指标包括水生急性毒性和水生慢性毒性，暴露分级指标与健康筛查评估涉及的暴露指标相同，但计算方法存在不同（图4-14）。

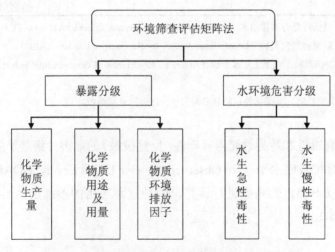

图 4-14 生态环境筛查评估的暴露指标与危害指标

（1）暴露分级

环境暴露分级的等级划分标准与人体健康筛查评估时的暴露分级标准相同（表4-13），但是，鉴于生态环境筛查评估仅考虑对水生环境的危害分级，计算生态效应的暴露量时，应主要考虑化学物质向水体中的排放量，无须考虑向大气的排放量。

生态环境筛查评估的暴露量计算是按化学物质生产量、使用量和相应的排放因子估算排向水体的全国总排放量，划分为前述的5个暴露等级。

（2）环境危害分级

环境危害划分为5个危害等级（表4-17），具体危害级别可通过PNEC或NOEC和EC_{50}等判定，如果无可用的生态危害数据，则危害等级为"1"。PNEC的推导基于评估系数法，评估系数的选择如表4-18所示。

表4-17 环境危害分级

危害等级/（mg/L）				不适用	备注
等级1	等级2	等级3	等级4		
≤0.001	0.001＜～≤0.01	0.01＜～≤0.1	0.1＜～≤1	＞1	PNEC
藻类急性毒性≤2 急性毒性（溞类/胺类）≤10 急性毒性（溞类/非胺类）≤1 鱼类急性毒性≤10 鱼慢性毒性≤0.1	藻类急性毒性＞2 急性毒性（溞类/胺类）＞10 水蚤急性毒性（溞类/非胺类）＞1 鱼急性毒性＞10 鱼慢性毒性＞0.1				第三类监视类物质判别标准
类别1 ≤0.1	类别2 0.1＜～≤0.1	—	无以上信息		3种以上慢性毒性
不能快速降解或BCF≥500（$\log K_{ow}$≥4）				GHS分类标准	
类别1 慢性毒性≤0.1 慢性毒性数据缺失时 急性毒性≤1	类别2 0.1＜慢性毒性≤1 慢性毒性数据缺失时 1＜急性毒性≤10	类别3 1＜慢性毒性≤10 慢性毒性数据缺失时 10＜急性毒性≤100	无以上信息		少于3种慢性毒性

表4-18 推导PNEC的评估系数

	种间外推	从急性到慢性	从实验室数据到野外数据	不确定性乘积
有3个营养级别的慢性毒性试验结果	—	—	10	10
有2个营养级别的慢性毒性试验结果	5	—	10	50

		种间外推	从急性到慢性	从实验室数据到野外数据	不确定性乘积
有1个营养级别的慢性毒性试验结果		10	—	10	100
有3个营养级别的急性毒性试验结果		—	ACR	10	10×ACR
缺乏慢性毒性试验结果无营养级别的急性毒性试验结果		10	ACR	10	100×ACR
评估系数	藻类		20		
	溞类/胺类		100		
	溞类/非胺类		10		
	鱼类		100		

注：ACR：从急性到慢性（Acute to Chronic Ratio，ACR）。

4.3.2.3 矩阵法风险分级

采用矩阵法（图 4-15）进行风险分级，筛选符合条件的优先评估化学物质。矩阵法综合危害级别和暴露级别，设置"高""中""低"3 个风险等级。在矩阵中，判断为"高"风险的化学物质，为确认的优先评估化学物质；对于确认为"中"风险的化学物质，将交由专家进一步审查，从中选择出可能列为优先评估的化学物质进一步开展评估；对于"低"风险的化学物质，划归为"一般化学物质"，暂不优先开展风险评估。

暴露等级		危害等级 高⇔低				
		1	2	3	4	O
大↕小	1	高	高	高	高	O
	2	高	高	高	中	O
	3	高	高	中	中	O
	4	高	中	中	低	O
	5	中	中	低	低	O
		O	O	O	O	O

图 4-15 矩阵法风险分级示意图

4.4 加拿大化学物质筛查技术

4.4.1 概述

加拿大的化学物质筛查技术一直走在世界前列。2006 年，加拿大开展 DSL 分类行动，目的是识别具有最大暴露潜能的化学物质以及具有持久性/生物累积性和毒性（PBT、PT、BT）或 CMR 的化学物质。DSL 分类行动涉及的化学物质约有 23 000 种，从中识别出需要进一步研究的化学物质约有 4 300 种。对于需进一步研究的化学物质，加拿大还研究建立了多种快速筛查评估方法和工具，以进一步聚焦需要优先评估或管控的化学物质。

为确保化学物质分类计划保持更新，在完成化学物质分类后，加拿大开发了风险评估优先级识别方法（Identification of Risk Assessment Priorities，IRAP），将化学物质和聚合物作为重点，改进了化学物质信息的获取、评估和整合方法。

4.4.2 化学物质分类行动

生态危害分类是 DSL 分类行动的重点。对 DSL 清单物质的生态危害分类，主要是判定化学物质的持久性、生物累积性以及对动植物的固有毒性（Persistent，Bioaccumulation，inherently Toxic，PBiT），并根据有机物、无机物、有机金属、聚合物等不同类别化学物质的特点，分别建立不同的分类方法。

4.4.2.1 固有毒性判定方法

对生物毒性进行分类时，应该同时使用水生生物和陆生生物物种作为测试对象，但大多数化学物质的生态毒性数据都是通过使用水生生物试验获得的，因此，采用水生生物急/慢性毒性作为化学物质固有生态毒性的指标，以半数致死浓度（LC_{50}）、半数效应浓度（EC_{50}）、无观察效应浓度（NOEC）用作判定的终点，且优先使用急性毒性试验数据进行判定，判定标准如表 4-19 所示。

对无机物的毒性判定需要先确定最可能关注的物质部分，包括无机物本身以及解离离子、转化产物；对聚合物的毒性判定需要首先判定是否为低关注聚合物，确定聚合物的单体和官能团，然后再根据标准进行判定。

表 4-19 加拿大化学品固有环境毒性分类标准

暴露方式	标准/(mg/L)
急性暴露	LC_{50} (EC_{50}) $\leqslant 1$
慢性暴露	$NOEC \leqslant 0.1$

4.4.2.2 持久性判定方法

化学物质的持久性根据化学物质在大气、水、沉积物和土壤中的半衰期进行判定（表 4-20），半衰期的计算不仅考虑化学物质的生物降解性，还考虑水解、光解等非生物降解。

根据有机物、无机物、聚合物等物质性质的不同，判定方法存在差异。有机物的持久性判定，需先使用模型确定化学物质的环境分布，选择环境分布超过 5% 的环境介质计算半衰期；无机物的持久性判定需先判断所关注的部分是否为元素形态或复杂离子形态；聚合物因较大的分子量和稳定的性质，会初步判定为具有持久性。

表 4-20 持久性和生物累积性的判别标准

指标	标准
持久性	在大气中的半衰期≥2 d，或具有远距离迁移的能力；或 在水中的半衰期≥182 d；或 在沉积物中的半衰期≥365 d；或 在土壤中的半衰期≥182 d

4.4.2.3 生物累积性判定方法

化学物质的生物累积性根据 BAF、BCF 和 $\lg K_{ow}$ 进行判定（表 4-21），数据使用优先级为 $BAF > BCF > \lg K_{ow}$。

表 4-21 持久性和生物累积性的判别标准

指标	标准
生物累积性	BAF≥5 000，或 BCF≥5 000，或 $\lg K_{ow} \geqslant 5$

对于不含金属的无机物，参照有机物的标准判定其生物累积性；对于含金属的有机物不进行生物累积性判定。对于聚合物，因分子量较大，生物利用度低，初步判定为不具有生物累积性。

4.4.3 风险评估优先级识别方法

IRAP 分为三步：确认数据源开展信息收集，综合分析评估获取到的化学物质可用信息设定信息优先采用原则，以及根据信息分析结果采取行动（图 4-16）。

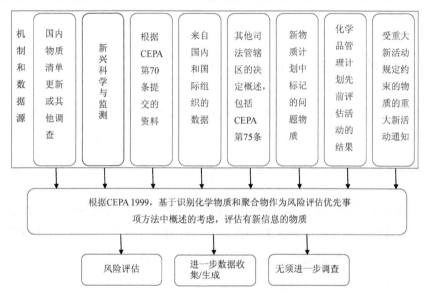

图 4-16 风险评估优先级识别示意图

信息收集与更新是开展化学物质筛查和评估的基础，IRAP 分析信息明确了八种信息收集途径。①根据 DSL 清单更新或其他调查信息与化学物质的危害信息比较，可以确定需要关注的化学物质；②根据新兴科学与监测信息，可以识别在生物体或环境中检出的化学物质；③根据 CEPA1999 第 70 条提交的资料，可以识别有危害的化学物质；④审查并采信来自国内和国际组织的数据，可以有效节省开展化学物质分类的资源；⑤审查并借鉴其他司法管辖区的决议，可以用于标注需关注的化学物质；⑥根据新化学物质登记，关注工业化学品中的类似物，可以有效确定风险评估优先事项；⑦分析已有的风险评估活动相关数据，重点关注危害高，但并未确定为高优先评估的化学物质；⑧化学物质的重大新用途通知，也将触发对化学物质的风险评估。

信息评估的复杂程度与化学物质的可用信息类型以及之前的管控措施相关。优先级决策原则主要考量信息的相关性与科学性,当信息与确定化学物质的危害或暴露分类相关,且来自多个数据源时,将被赋予更高权重。

采用的行动包括进行管控或开展进一步信息收集。若已获取信息提供了证明化学物质产生危害的有力证据,需立即采取措施或将化学物质列入正在进行的风险评估项目中,否则将化学物质列入需要进一步划分优先级的物质清单中,进一步收集分析数据。

4.5 我国化学物质筛查技术研究

在充分总结和借鉴国外筛查技术的基础上,结合我国的化学物质环境管理要求,研究探索建立我国化学物质筛查技术体系。

4.5.1 国外化学物质筛查技术分析

国外化学物质危害/风险筛查技术方法总体上包括六大基本要素,分别是筛查目的、人体健康危害效应标准和终点、环境危害效应标准和终点、暴露程度、数据可获取性和缺失数据处理、多指标的综合评分与排序。

4.5.1.1 筛查目的

欧盟、美国、日本、加拿大等发达国家和地区开发的各类优先评估化学物质筛查方法具有相似的预期目标,即进一步聚焦更高优先级的化学物质开展风险评估、监测或管控。筛查目的关系到筛查方法的设计,包括指标的选择、组合与权重及缺失数据处理等。

4.5.1.2 人体健康危害效应标准与终点

健康效应是化学物质暴露引起的人体反应,常使用实验室哺乳动物毒性试验数据作为毒性终点数据。这类毒性试验包括急性毒性、亚慢性毒性和慢性毒性试验,急性毒性试验终点通常为口服、经皮或吸入导致的半数致死剂量(LD_{50})或半数致死浓度(LC_{50}),有时也包括非致死的急性效应(如致敏性和眼刺激性);亚慢性毒性试验终点通常为哺乳动物口服试验获得的确定无观察效应水平(NOEL);慢性毒性试验一般超过3个月,旨在研究化学物质的累积毒性,通常包括致癌性、致突变性、致畸性、生殖毒性等，毒性终点如参考剂量（Reference Dose，RfD）、最小有效剂量（Minimum Effective Dose，MED）等。代表健康危害效应的终点较多，在已有筛查方法中，一般优先考虑引起慢性健康危害效应所需的剂量。

4.5.1.3 环境危害效应标准与终点

为评估化学物质的环境危害，已有的筛查方法中多使用化学物质对陆生生物、水生生物的环境危害试验数据作为危害筛查指标。部分筛选方法中将持久性和生物累积性也纳入危害筛查指标体系。

生态毒性测试通常也包括急性毒性、亚慢性毒性和慢性毒性试验，观察的毒性终点包括半数致死浓度（LC_{50}）和亚致死效应，如EC_{50}，以及无可观察有害效应水平（NOAEL）等。水环境危害效应是重点关注的危害指标，常见的是藻、溞、鱼的毒性试验数据，而且急性毒性试验数据居多。

4.5.1.4 暴露程度

化学物质筛查方法可以仅涉及危害筛查，也可以兼顾暴露程度。暴露程度一般用生产使用量、环境监测数据、排放数据表示，必要时会结合多环境介质的归趋与传输模型进行预测分析。

暴露估算方法考虑因素的多少关系到筛查方法的复杂程度。例如，日本的优先评估化学物质筛查方法中，使用排放量进行暴露分级，既需要化学物质的生产量、进口量数据，还需要掌握化学物质的不同用途、对应的使用量，以及所有生产、使用方式的排放因子。

4.5.1.5 数据可获取程度及选择方法

数据是开展筛查与评估的基础。在筛查环节，不可能对数以千万计的化学物质开展全面测试，通常基于有限的已有数据。根据数据可获取程度，可使用不同的方法解决数据缺失问题。如果给筛查指标分配确定的终点，如指定 NOEC 作为筛查水生慢性毒性的终点，当数据缺失时，可采用交叉参照或模型进行估算，加拿大为开展化学物质分类，推荐了估算持久性、生物累积性和水环境毒性的各类模型。也可以选择用多个终点进行指标筛查，并设置优先适用原则。例如，加拿大使用 BAF、BCF 和 $\lg K_{ow}$ 进行化学物质生物累积性判定，使用的优先顺序为 BAF＞BCF＞$\lg K_{ow}$。

4.5.1.6 多指标的综合评分与排序

多数化学物质筛查方法的指标包括环境危害、健康危害和暴露程度，按照各类不同指标综合评分结果排序会极大地影响化学物质的分级结果。各类危害指标的权重设置与筛查目标相关。例如，欧盟在开发水环境优先污染物筛查方法时，重点关注化学物质对水生生物产生的危害，同时考虑化学物质的生物累积潜力，以及可能经环境对人体健康产生的危害。因此，在设置危害效应评分时，通过直接水环境危害效应、间接危害效应与人体健康危害效应加和的方式进行计算，并分配给直接水环境危害最高权重。

科研领域开展了对各种复杂排序或分级算法的研究，但各官方机构通常采信的综合评分方法多为加和、乘除等简单的方式。欧盟的 EURAM 和 COMMPS 方法同时采用了加和与乘积的方式计算；日本的优先评估化学物质筛查采用了矩阵法进行分类；美国在 TSCA 工作计划筛选中采用了加和的方式根据评分排序，在高优先评估化学物质的长期筛选方法中则采用了矩阵法进行优先级分类。

4.5.2　中国化学物质筛查技术体系

优先评估化学物质筛选是国际通行的化学物质分级管理的做法，欧盟、美国、日本、加拿大等国家和地区已实施几十年，并不断将新的技术纳入筛查方法体系中。中国在借鉴国际经验的基础上开展了管理与技术实践，发布了符合中国化学物质环境管理要求的《优先评估化学物质筛选技术导则》（HJ 1229—2021），并研究了符合中国环境管理需求的危害筛查技术体系。

4.5.2.1　化学物质筛查实践

中国已发布两批优先控制化学品名录，筛查关注的危害指标重点关注具有 PBT、CMR 或高水环境毒性的化学物质，关注的暴露因素为中国生产或使用量较大的化学物质，而且，在备选优先控制化学品的筛查中，重点借鉴了国外已经关注或管控的化学物质清单或污染物清单。

2021 年 12 月，在已发布的《优先评估化学物质筛选技术导则》中，明确了开展优先评估化学物质筛选时优先关注的危害条件有如下四条。

①依据 GB/T 24782，属于持久性、生物累积性和毒性物质（PBT）或高持久性和高生物累积性物质（vPvB）；

②具有致癌性、致突变性或生殖毒性的化学物质，重点关注依据 GB 30000 系列标准，分类为 1A 或 1B 类致癌性、致突变性或生殖毒性的化学物质；

③同时具有持久性和毒性或同时具有生物累积性和毒性的化学物质，其中，

毒性重点关注分类为 2 类以上的致癌性、致突变性、生殖/发育毒性、特异性靶器官毒性（反复接触）或长期水生危害；

④其他具有高危害性的化学物质，如 EDCs、高度疑似的 PBT 或 vPvB 物质、高度疑似的致癌、致突变或生殖毒性物质、长期水生危害或特异性靶器官毒性（反复接触）分类为 1 类的化学物质等。

优先评估化学物质筛选关注的暴露条件主要有如下两条：

①有证据表明已经存在环境暴露的化学物质，如环境介质检出或生物体内检出且由环境暴露导致等；

②应优先关注的潜在环境暴露的化学物质，如年生产或使用量大、广泛分散使用，如在众多分散场地或公众日常生活中使用等。

HJ 1229—2021 立足中国化学物质环境管理的目标和需求，充分考虑了现阶段中国化学物质环境管理基础与技术能力。

4.5.2.2　危害筛查技术体系探究

为建成现有化学物质结构化危害数据集，产出具有不同危害特性的有毒有害化学物质清单和具有重点关注危害的化学物质清单，支撑开展优先评估化学物质筛查，我国已进行危害筛查的技术体系研究，初步建立危害筛查技术路线（图 4-17），将危害筛查分为全面危害筛查和重点危害筛查两个层次。

全面危害筛查属于基础性筛查，筛查的危害指标包括：①环境归趋：持久性、生物累积性；②生态毒性：水环境毒性（包括急性毒性和慢性毒性）；③健康毒性：致癌性、致突变性、生殖/发育毒性、特异性靶器官毒性（包括反复接触和一次接触）、急性毒性、呼吸道和皮肤致敏性、严重眼损伤/眼刺激、皮肤腐蚀/刺激、内分泌干扰性。

重点危害筛查是衔接当前环境管理需求，识别具有不同危害特性组合的有毒有害化学物质。关注的指标包括持久性和高持久性，累积性和高累积性，水生慢性毒性（重点关注类别 1 和 2），致癌性、致突变性和生殖/发育毒性（重点关注类别 1A/B 和 2），特异性靶器官毒性（反复接触）（重点关注类别 1、2），急性毒性（重点关注类别 1），内分泌干扰性。

为确保危害筛查的可操作性，针对筛查过程涉及的化学物质归类、危害数据源评估、危害数据收集、数据质量评估、危害筛查等关键技术建立系统的方法。

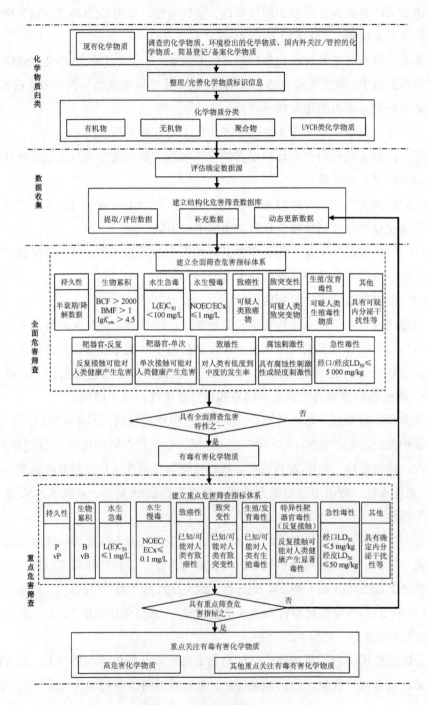

图 4-17 危害筛查技术路线

(1) 化学物质归类

考虑化学物质的类别、结构特点、在环境中的存在形式和危害特点等不同，对化学物质按照有机物、无机物、聚合物、UVCB 化学物质进行归类，以针对不同类别化学物质特点，分类开展危害筛查。

有机物指可以通过结构和分子式进行明确定义的含碳化合物，不包括碳的氧化物、硫化物和碳酸盐等。无机物通常指不含碳元素的化合物，少数含碳的化合物，如碳的氧化物、碳酸盐、氰化物等也属于无机物。聚合物是指化学物质分子由一种或者多种单体单元按序列组成，此类分子的分子量分布在一定范围内，分子量的差别主要取决于单体单元数目的差别。

UVCB 化学物质比较特别，是指未知或可变组分化学物质、复杂反应产物或生物材料化学物质。具有组分数量相对很大，相当一部分组成未知，组成的可变性相对很大或难以预知的特点。

(2) 危害数据源确定

化学物质危害数据来源广泛。包括测试试验、权威化学物质数据库、国内官方发布的化学物质环境风险评估报告、科技文献，以及其他可获得的技术资料。

为评估已有数据库质量，并有效扩展数据源，从四个方面对数据源进行考虑。①相关性：确认数据源中是否包括所需危害终点数据、危害判定结果或辅助数据。②完整性：评估数据源是否可提供数据维护单位信息、数据来源信息等。③重复性：判别数据源中信息是否已包含在更高层级的数据库。④可检索性：评估数据源中信息是否以规范化格式记录，是否可进行自动检索。

更新、扩充数据源时，将评估的数据源分为三个级别。①一级数据源指根据评估流程确定的主要数据源中，属于国际组织或由政府提供的数据源；②二级数据源指根据评估流程确定的其他主要数据源；③三级数据源指根据评估流程确定的补充数据源。开展下一步危害数据收集时，数据源按照一级＞二级＞三级的顺序，依次选用。

(3) 危害数据收集

危害筛查过程中使用的数据主要有危害试验数据、模型预测数据或高通量体外测试数据。收集危害数据时，优先收集试验数据，试验数据不足时，通过模型预测或高通量体外测试等方式进行数据补充。

试验数据收集是从经评估的主要数据源中，收集筛查范围内所有化学物质的毒理学、生态毒理学、环境归趋、理化属性类数据，构建结构化数据库。通过预测等方式进行数据补充时，需论证模型的科学性与应用域，评估模型的适用性。

（4）危害数据质量评估

数据质量是开展危害筛查的基础。依据标准试验指南以及遵循 GLP 获得的试验数据可靠等级最高；未完全依据验证和/或国际公认的测试指南，但是结果翔实，科学上可接受的试验数据，可靠等级次之；如果测试系统和测试化学物质之间互相干扰，或者存在使用的有机体/测试系统与暴露无关、测试方法无法接受的情形，得到的试验数据质量不可靠；对于无法获得试验细节，并且只在摘要或在文献中被引用的试验数据，不直接用于危害筛查。

（5）分层级危害筛查

危害筛查分为两个层次，全面危害筛查与重点危害筛查涉及危害特性不同，筛查指标与判别标准不同（表 4-22）。全面危害筛查是明确不同类别化学物质各危害特性的筛查指标，建立有毒有害化学物质筛查方法和标准，以数据库中危害数据为基础筛查有毒有害化学物质，形成有毒有害化学物质清单。重点危害筛查是在全面危害筛查的基础上，明确重点危害筛查的危害特性及其筛查指标和筛查标准，形成重点关注有毒有害化学物质清单，并结合管理要求形成高危害化学物质清单以及支撑筛选优先评估化学物质的备选清单。

表 4-22　全面危害筛查与重点危害筛查的特性及标准示例

序号	危害特性	全面筛查指标及标准	重点筛查指标及标准	
1	持久性	以淡水中半衰期为例 >40 d	以淡水中半衰期为例 >40 d（P）；>60 d（vP）	
2	生物累积性	以 BCF 为例 >2 000	以 BCF 为例 >2 000（B）；>5 000（vB）	
3	水环境急性毒性	$EC_{50}/LC_{50} \leqslant 100$ mg/L	$EC_{50}/LC_{50} \leqslant 1$ mg/L（重点关注）	$EC_{50}/LC_{50} \leqslant 0.1$ mg/L（高危害）
4	水环境慢性毒性	$NOEC/ECx \leqslant 1$ mg/L	$NOEC/ECx \leqslant 0.1$ mg/L（重点关注）	$NOEC/ECx \leqslant 0.01$ mg/L（高危害）
5	急性毒性	以经口为例 $LD_{50} \leqslant 5\,000$ mg/kg 体重	以经口为例 $LD_{50} \leqslant 5$ mg/kg 体重	
6	致癌性	可疑人类致癌物	已知/可能对人类有致癌性（重点关注）	
7	致突变性	可疑人类致突变物	已知/可能对人类有致突变性	
8	生殖/发育毒性	可疑人类生殖毒性物	已知/可能对人类有生殖或发育毒性	

序号	危害特性	全面筛查指标及标准	重点筛查指标及标准
9	特异性靶器官毒性（一次）	单次接触可能对人体健康产生危害	—
10	特异性靶器官毒性（反复接触）	反复接触可能对人体健康产生危害	反复接触可能对人体健康产生显著危害
11	呼吸道和皮肤致敏性	对人类有低度到中度的发生率	—
12	严重眼损伤/眼刺激	具有轻微刺激性	—
13	皮肤腐蚀/刺激性	具有轻微刺激性	—
14	其他	以内分泌干扰性为例 具有可疑内分泌干扰性	以内分泌干扰性为例 具有确定内分泌干扰性

第 5 章 化学物质环境风险评估技术

化学物质风险评估是化学物质管理的重要工具。自 20 世纪 70 年代起，发达国家陆续在化学物质管理法规体系中确立风险评估制度，发布一系列风险评估的技术导则和指南，支撑有毒有害化学物质风险管控。随着对风险评估技术在化学物质风险管理中重要性的认识，几十年来欧美一直致力于推进本国化学物质风险评估技术方法的研究和应用，从原则到技术方法再到各种模型工具研发，风险评估体系逐渐丰富。目前欧美等发达国家和地区已形成相对系统的化学品风险评估技术方法体系，成为有毒有害化学物质风险管控体系中的重要组成部分。相比之下，我国化学物质环境风险评估起步晚，体系仍在建设初期，风险评估的技术细则尚待完善。

对比各国化学物质风险评估技术方法，方法的基本原理与技术步骤一致，均采用了国际通行的"四步法"，即危害识别、剂量（浓度）-反应（效应）评估、暴露评估和风险表征，区别主要在于方法的技术细节上有所差异。得益于体制和法律制度的原因，欧盟化学物质风险评估的技术实践实施范围更广，技术细节更加透明，较大程度上推进了化学物质风险评估技术的发展与应用。

从化学物质风险评估的内容来看，各国都包括环境风险评估和人体健康风险评估两个方面，其中环境风险评估是对释放进入环境中的化学物质对环境生物以及生态系统产生危害结果的评估，人体健康风险评估是对人类（包括职业工人、消费者和普通人群）通过呼吸、饮食和皮肤接触等途径长期累积化学物质产生已知或潜在危害程度和发生概率的评估。

5.1 欧盟化学物质风险评估

5.1.1 概述

自 1967 年以来，欧盟先后发布了十余部与化学物质管理相关的法律、法规。

其中,《关于评估和控制现有化学物质风险的法规》[(EEC) 793/93]、《关于制定现有化学物质的人体和环境风险评估原则的法规》[(EC) 1488/94]等法规的出台,以立法形式明确规定了欧盟范围内化学物质环境与健康风险评估的基本原则、技术方法、评估步骤、评估内容等,规范风险评估工作的开展。2007年,欧盟 REACH 法规正式生效。REACH 法规基于化学物质源头管理和风险预防的理念,将风险评估的主要责任由政府转移给企业。通过管理部门、企业以及利益相关方的共同努力,对存在不可接受风险的化学物质实施授权、限制等管控。

为推进欧盟市场上化学物质的风险评估,欧盟相继出台了一系列有关化学物质风险评估的技术指南文件和模型工具。

①1996 年欧盟发布了适用于现有化学物质和新化学物质的《风险评估技术指南文件》第一版(TGD 1),详细规定了开展化学物质风险评估的技术要求。

②1997 年,欧盟为保证各国政府有效开展风险评估,开发了风险评估模型工具——欧盟物质评估系统。该系统可以评估化学物质对生态环境和人体健康的风险。使用该软件,通过输入化学物质的物理化学性质和危害性数据,可以推测化学物质的排放量及分布,推算暴露水平,并结合危害性数据进行风险判断。

③2003 年欧盟发布了修订后的《风险评估技术指南文件》第二版(TGD 2),对原技术指南中的部分内容进行了修订。修订后的 TGD2 文件分为 4 册(PART Ⅰ~Ⅳ),共 7 章内容:总论、人体健康风险评估、生态风险评估、QSARs 使用、用途类别、风险评估报告格式、排放场景文件等。

④2008 年欧盟发布了《关于信息要求与化学物质安全评估(Chemical Safety Assessment, CSA)指南》文件(以下简称 REACH-CSA),该文件以 TGD 文件为基础,详细阐述了 REACH 法规框架下开展化学物质风险评估的技术方法,包括简明指南(Concise guidance)和支持性参考指南(Reference guidance)两部分。简明指南包括七个方面内容(Part A~Part G);支持性参考指南包括 19 个章节(R.2~R.20),每一章节独立成册。对于这些技术文件,欧盟根据化学物质风险评估的实践以及科学技术的不断发展进步,持续进行更新。

⑤为应对 REACH 法规要求,有效支持企业开展风险评估工作,2010 年 5 月欧盟毒理学与生态毒理学中心发布整合版的定向风险评估模型工具(ECETOC TRA),该模型包括职业、消费者和生态暴露评估 3 个模块,主要由欧洲工业界开发,用于指导企业开展风险评估和完成化学物质安全报告。目前,REACH 法规

接纳采用上述模型工具完成的化学物质安全（风险）评估报告。

5.1.2 欧盟环境风险评估技术

欧盟化学品环境风险评估技术方法采用的是"商值法"，主要由危害识别、剂量（浓度）-反应（效应）评估、暴露评估和风险表征四个步骤构成。目前，欧盟环境风险评估技术方法主要针对内陆水环境、陆生环境、大气环境以及海洋环境等，强调的是单一化学物质释放进入环境后对不同环境单元的结构与功能的潜在影响。

（1）危害识别

在欧盟技术方法中，环境危害识别的目的是确定化学物质在不同环境介质中应被关注的危害性，明确环境危害终点。环境危害识别首先要对化学物质所有收集到的环境危害数据进行质量评估，确定数据的相关性、可靠性和充分性。对于缺少试验数据的危害终点，应开展测试或采用（Q）SAR 模型估算等方式来弥补数据缺失。

欧盟明确规定了需要关注的化学物质环境危害终点：水环境毒性（包括短期效应和长期效应两大类）、沉积物毒性、污水处理厂微生物毒性、陆生环境毒性（仅从狭义角度界定了应识别化学物质对土壤生物的危害）、大气环境毒性等。此外，除开展化学物质上述不同环境介质的危害识别之外，欧盟环境风险评估技术方法中规定了应对化学物质的降解性、生物累积性等进行识别，进而分析化学物质造成环境生物二次毒性的潜力。

（2）剂量（浓度）-反应（效应）评估

化学物质环境危害的剂量（浓度）-反应（效应）评估的主要目的是如何定量表征不同环境介质中化学物质的效应浓度，即确定不同环境介质中化学物质不会产生不利环境效应的环境浓度（预测无效应浓度，PNEC）。

推导 PNEC 值时，通常主要依据环境生物个体水平的毒性数据。对于通过化学物质危害识别获得的环境生物所有有效数据，均需进一步分析以便用来推导 PNEC 值。当同一毒性终点具有多个有效数据时，最大权重给予最可靠和最相关的数据；当数据可靠性相同且在同一数量级范围内，可选择各数据的几何均值推导 PNEC 值；当数据可靠性相同但是不在同一数量级范围内，则需要借助专家系统或证据权重法进行数据取舍。

在欧盟的环境风险评估技术方法中明确指出，原则上 PNEC 是通过采用评估系数法推算获得，也就是采用不同环境单元的最低 L（E）C$_{50}$ 或 NOEC 除以适当的评估系数，得到预测无效应浓度。基本计算公式如下。

$$PNEC_{comp} = Min\{L(E)C_{comp}\}/AF \qquad (5-1)$$

式中，$PNEC_{comp}$——不同环境单元的预测无效应浓度，mg/L 或 mg/kg；

comp——环境单元，通常包括淡水环境、海水环境、沉积物、土壤、污水处理厂微生物环境等；

$Min\{L(E)C_{comp}\}$——不同环境单元中生物的最低有效效应浓度，包括 LC_{50}、EC_{50}、EC_{10} 或 NOEC 等，mg/L 或 mg/kg；

AF——评估系数，量纲一。

在欧盟风险评估技术方法中，还推荐可以采用物种敏感度分布法（Species Sensitivity Distribution，SSD）来估算化学物质的水环境 PNEC 值。采用 SSD 方法时，最关键的是至少要掌握一定数量涉及不同物种的慢性数据。欧盟要求至少包括 8 个类群大于 10 个（最好大于 15 个）的慢性数据，但未强调本土物种。

但是，对于沉积物和土壤环境来说，生物毒性效应数据相对较少，欧盟推荐可以采用相平衡分配法（Equilibrium Partitioning Method，EPM）来估算 $PNEC_{沉积物}$ 和 $PNEC_{土壤}$。相平衡分配法主要基于化学物质水环境的 PNEC 值，以及化学物质在水相、气相、底泥相、土壤相等不同环境单元的分配关系来推算沉积物和土壤的 PNEC 值。

（3）环境暴露评估

化学物质在生产使用直至废弃处置的全生命周期任何环节，均可能造成对环境的暴露。环境暴露评估的目的就是估算化学物质在每个潜在暴露的环境介质（如大气、水、土壤等）中的环境暴露浓度，欧盟将该浓度称作"预测环境浓度"（Predicted Environmental Concentrations，PEC）。任何化学物质环境暴露途径如果造成了对环境生物及人体健康危害，那么这种暴露就必须开展环境暴露评估，以确定暴露水平。

在欧盟风险评估技术方法中，开展环境暴露评估时通常首先是综合企业化学物质生产使用情况以及外部环境条件状况，建立一种或多种暴露场景（Exposure Scenario，ES），然后在该暴露场景描述的化学物质生产或使用条件下，对不同的环境暴露途径及暴露状况进行评估。建立暴露场景对于环境暴露水平的确定以及人体健康暴露状况评估至关重要。

欧盟的评估技术方法中针对局部尺度（也称为点源尺度）、区域尺度、大陆尺度三个空间尺度开展环境暴露评估。

①"局部尺度评估"是对化学物质点源排放邻近周边环境的暴露评估，这里所说"点源"在欧盟技术方法中涵盖了工业生产场所和非工业生产场所（如消费者使用、职业工人使用、物品使用等）。环境暴露浓度的估算基于化学物质实际的日排放率或年均排放率。严格意义上讲，估算点源排放造成的环境暴露浓度时应考虑化学物质的分布与降解，但由于点源排放的范围所限，降解与分布并不作为主要消散过程，主要仅考虑混合、稀释、吸附等过程对估算暴露浓度的影响。

②"区域尺度评估"是较大范围内（区域面积预设约 4 万 km^2）包括所有排放源（点源和面源）的环境暴露评估。评估时需要充分考虑化学物质在环境中的分布与降解。在欧盟评估技术方法中，区域浓度被用作估算点源浓度时的背景浓度，主要基于化学物质的年均排放率进行估算。区域尺度评估时，化学物质所有用途造成的向所有环境单元的释放均需被考虑。

③"大陆尺度评估"仅针对欧洲大陆范围内的大气和水环境浓度估计，为区域浓度估算提供帮助（如统计区域范围内化学物质在环境介质间被动转运的流通量等），但实际上大陆尺度的暴露评估并不被用于确定化学物质风险。REACH 法规实施后的评估技术方法中除保留了对局部尺度和区域尺度的评估要求之外，取消了对于大陆尺度评估的要求。

在欧盟环境风险评估技术方法中，环境暴露评估的基本步骤包括：

①建立化学物质环境暴露场景。包括明确化学物质生产使用条件、已有风险防控措施等；确定造成环境暴露的所有用途，明确暴露途径信息等；收集化学物质相关属性信息（包括分子量、熔点、蒸汽压、水溶性、正辛醇-水分配系数等）。

②环境释放评估。通过采用不同方法来估算化学物质的环境释放速率。绝大多数情况下，这种释放速率不是通过实际监测获得，而是通过采用释放因子、物料衡算、模型估算等方法获得的。

③估算环境暴露浓度。通过化学物质环境分布与转归分析，基于模型估算数据和/或代表性的监测数据，确定不同环境单元中化学物质的环境暴露浓度。

欧盟的评估技术方法中，创新性提出了基于"标准环境"（Standard Environment）开展环境暴露评估的方式。"标准环境"是一个并不实际存在的、默认的通用环境，这个通用环境预先定义了相应的环境特征，如温度、风速、水体面积、土壤面积、有机碳含量、水环境悬浮粒浓度等,以此来代表局部尺度或区域尺度的真实环境。欧盟充分认识到,真实环境的特征在不同时间和空间上明显存在着不同,而要表征出平均的欧洲环境特点几乎是不可能的。因此,欧盟在确定"标准环境"时,针对不同环境单元做出了一系列的假设,所提出的环境特征反映了欧洲真实环境特征的平均值、典型值或合理最坏情形值,这些默认的环境特征值适用于所有空间尺度。

当然,"标准环境"的各项数值更多用于采用模型估算方式获得化学物质环境暴露浓度的情况下,如果获得了特定点位或区域周边环境参数的实测值,则在开展环境暴露评估时,可以采用实际环境参数数值来替换或优化"标准环境"的默认参数。

此外,欧盟提出了化学物质对捕食者的暴露评估,即二次毒性的暴露评估。如果某种化学物质具有生物累积性并且会通过这种累积造成对生物体的危害效应,就应该对化学物质可能对捕食者造成的暴露情况进行评估。

(4) 环境风险表征

环境风险表征是化学物质环境风险评估过程中的最后一个阶段,是比较化学物质在不同环境单元中暴露浓度和危害效应以及开展不确定性分析的过程。环境风险表征应该对化学物质环境风险评估做出全面总结,以相对清晰、简洁的方式得出整体评估结论,为管理部门提供明确的决策依据与建议。

在欧盟目前 REACH 法规体系下的化学物质风险评估,主要目的是为管理部门实施化学物质风险管控提供依据,风险评估结论就应该尽可能直观、易于理解。因此,在欧盟风险评估技术方法中,推荐采用"商值法"作为环境风险表征基本方法,通过比较不同环境单元中化学物质的预测环境浓度(PEC)与预测无效应浓度(PNEC),获得化学物质风险表征比率(Risk Characterisation Ratios,RCR),根据 RCR 的大小来确定化学物质在某种暴露场景下的环境暴露是否会对相应的环境单元造成不合理风险。

$$RCR_i = PEC_i / PNEC_i \tag{5-2}$$

式中,RCR——风险表征比率,量纲一。如果 RCR 大于 1,则表明存在不合理风险;如果 RCR 小于等于 1,则表明目前未发现存在不合理风险。

i——化学物质暴露的不同环境单元,如水、土壤、沉积物等。

PEC_i——不同环境单元的化学物质预测环境浓度,mg/L 或 mg/kg。

$PNEC_i$——不同环境单元化学物质的预测无效应浓度,mg/L 或 mg/kg。

5.2 美国化学物质风险评估

5.2.1 概述

在 TSCA 法授权下,EPA 负责对工业化学品和农药的环境风险评估与管理。EPA 将"化学品风险评估"看作是一个最大限度利用现有科学知识,识别化学品环境与健康风险的科学过程。一般来说,美国化学品风险评估至少对以下三个方面的问题进行明确:

①有多少化学物质释放并存在环境介质中(如大气、水、土壤等);

②人体或环境生物(生态受体)与受污染的环境介质有多少接触,也就是产生的暴露量是多少;

③化学物质的固有毒性是怎样的。

EPA 使用风险评估来表征与描述环境中可能存在的化学物质和其他应激物对人类(如职业工人、消费者、普通人群等)和生物受体(如鸟类、鱼类、野生动物等)造成的潜在风险的性质和程度。通常,EPA 将环境风险评估(Environmental Risk Assessments)分为两个方面:①人体健康风险评估;②生态风险评估。

但是,针对每一种化学物质,EPA 认为环境风险评估并不是必须都开展人体健康(Human Health)风险评估和生态(Ecological)风险评估,而是通过问题分析与问题形成阶段的工作后,确定化学物质可能存在的风险范围,最终决定是针对人体健康还是生态开展风险评估。

在按照 TSCA 法对化学物质实施风险管理的过程中,风险评估是整个管理过程的第二个阶段(第一个阶段是化学物质的优选,第三个阶段是风险管理)。EPA 认为,化学物质风险评估的目的是确定化学物质在某种使用条件下(特定暴露场景下)是否会对人体健康或生态环境造成不合理风险。在风险评估过程中,EPA 不必考虑成本与其他非风险因素,必须对化学物质的危害性和暴露状况进行充分评估。开展评估时应以符合 TSCA 法要求的方式来使用科学信息和科学方法,确保风险管理决策的科学性、合理性。

在理想状态下，EPA 认为所有的风险评估都应该是基于完整、强大的知识库（如可靠完整的化学品性质数据、转归过程数据、人体暴露和生态暴露数据等）。但是，现实情况是化学品的许多用于风险评估的关键数据通常是缺失或不充分的，这就意味着风险评估者在开展风险评估时往往不得不依靠专业知识做出估计和判断，从而不可避免地造成几乎所有化学品风险评估在某种程度上都存在着不确定性。因此，EPA 认为化学品风险评估应该是一个持续的、迭代的过程，采取一切可能的措施（包括开展试验获取数据）来减少风险评估过程中的不确定性。

当然，EPA 也充分认识到，风险评估是一种重要的技术手段，但并不是支撑做出风险管理决策的唯一依据。

5.2.2 美国风险评估技术

TSCA 法修订之后，第 6（b）(4) 款明确要求 EPA 制定一个法律规则，用于建立开展化学物质风险评估的基本流程。同时，要求 EPA 直接使用这个评估流程去开展风险评估，以确定化学物质在某种暴露场景下是否存在对人体健康和生态环境的不合理风险。

2017 年 9 月，EPA 制定的关于风险评估流程的法律规则 *Procedures for Chemical Risk Evaluation Under the Amended Toxic Substances Control Act* 正式生效，用于指导 EPA 开展化学物质风险评估，同时也为相关利益方在参与或实施化学物质风险评估过程中提供参考。在该法律规则中进一步确定了化学物质风险评估流程，明确了风险评估流程中的基本步骤应包括：

➢ 设定评估范围；
➢ 危害评估；
➢ 暴露评估；
➢ 风险表征；
➢ 风险确定。

EPA 的化学品风险评估基本流程如图 5-1 所示。

尽管美国在化学物质风险评估理论研究方面有了深厚的积累，并且制定出台了一系列风险评估的技术指南，但是在风险评估实践方面的进展还相对缓慢，造成了目前尚没有提出一套完整的化学品风险评估技术方法。从目前来看，由于在各类风险评估技术指南中仅规定了原则性、框架性的要求，目前 EPA 的化学物质风险评估工作主要由具有丰富专业知识的专家来开展。

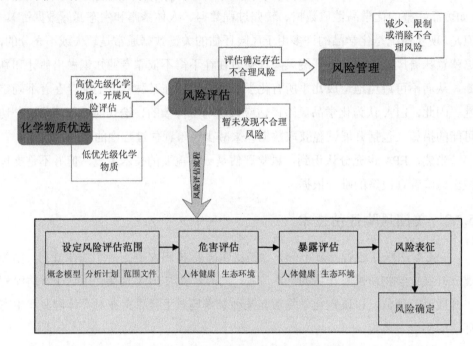

图 5-1 美国化学物质风险评估流程示意图

TSCA 法修订之后，提出了规范的风险评估流程，对于评估流程中各个环节的内容也提出了相应的技术要求。

(1) 设定风险评估范围

应对化学物质的固有危害性、人体和环境的潜在暴露、暴露场景进行充分分析，初步明确开展风险评估的范围，也就是初步明确化学物质在何种生产使用条件下会对人体健康或生态环境产生何种明显危害，从而确定开展针对性风险评估。在进行评估范围分析时，应建立起化学物质的概念模型（Conceptual Model）和确定开展风险评估采用的方法。其中，概念模型是用来描述化学物质、生产使用条件以及人体健康和环境之间关系的模型。

(2) 危害评估

根据 TSCA 法第 6（b）(4)(F) 款规定，EPA 将对确定的暴露场景下每种化学物质或化学物质种类存在的危害性进行评估。危害评估目的在于识别确定暴露在化学物质中可能引起的人体或环境不利影响或危害的类型，并且要描述用以支持这种识别过程的科学证据的质量和权重。在通常情况下,危害评估包括危害识别(Hazard Identification)和剂量-反应评估(Dose-response Assessment)。

①危害识别。危害识别是确定暴露于化学物质是否会导致增加特定不利健康效应(如致癌性、发育毒性等)或环境效应发生率的过程。在关于风险评估流程的法律规则中明确要求,评估过程中使用的所有信息都需要被审查与评估,EPA将提供确定的或潜在的暴露场景下化学物质对人体健康和生态环境的危害信息。

危害识别重点是要对描述化学品潜在健康和环境危害的信息进行识别、评估和综合分析,并将所有使用的危害信息评估方法进行记录。需要识别的化学物质危害终点包括(但不限于)致癌性、致突变性、生殖毒性、发育毒性、免疫毒性、心血管影响以及神经损伤等。开展危害识别时,需要对化学物质可能对人体或生物体最易于产生不利效应的生命阶段开展分析。

②剂量-反应评估。化学物质剂量-反应关系主要描述产生不利效应的可能性和严重性与化学物质暴露数量之间的关系。

在开展危害评估时,采用的化学物质信息源包括但不限于以下几个方面:

➤ 人群流行病学研究数据;
➤ 体内(in vivo)和/或体外(in vitro)实验室研究数据;
➤ 代表易感人群健康效应的相关模型数据;
➤ 毒代动力学和毒效动力学研究数据;
➤ 计算毒理学研究数据等。

(3)暴露评估

根据 TSCA 法第 6(b)(4)(F)款规定,在开展暴露评估时,EPA 将全面分析在特定暴露场景下,化学物质可能对人体和环境产生暴露的持续时间、暴露频率、暴露强度等。

暴露评估中除了要应用化学物质暴露场景信息,还需要使用化学物质固有的理化属性信息、环境转归和分布信息等。EPA 在暴露评估中重点对暴露于化学物质的个体或群体的类型、大小和性质进行分析,并对分析过程中存在的不确定性进行讨论。

在暴露评估中,使用合理有效的数据来定量估算特定暴露场景下化学物质的暴露量。人体或环境暴露量可以采用监测法获得,当监测数据不可用时,可以结合化学物质固有属性采用模型进行估算。

（4）风险表征

TSCA 法要求，化学物质风险表征应是对化学物质危害和暴露有效信息的整合与评估，是对化学物质特定暴露场景下是否存在风险的综合判断。每个风险评估过程都应包括一个定量和/或定性的风险表征，以表征特定暴露场景下化学物质对人群和生态环境的风险特点。

事实上，EPA 推荐在风险评估的每个环节（如危害识别、剂量-反应评估、暴露评估等）都应存在一个单独的表征结论，以充分描述评估过程中的关键问题、假设、局限性及不确定性等。这些单独的表征结论为整个评估过程的风险表征提供了信息基础。也就是说，风险表征除了应包括每个单独的表征结论，还应该包含对评估过程整合的分析结论。

在风险表征方法上，EPA 曾经使用了暴露界限法（Margin Of Exposure，MOE）。MOE 是化学物质不利效应与暴露量的比值，通过该值大小来表征风险。但是，EPA 也承认 MOE 方法仅是众多风险表征方法中的一种，也可以采用其他表征方法。因此，在 EPA 最新制定的关于风险评估流程的法律规则中，不再明确规定使用何种特定方法进行风险表征。

（5）风险确定

风险确定是风险评估流程的最后一个步骤，是基于风险表征结论来确定在特定暴露场景下化学物质是否对人体健康和生态环境存在不合理风险。EPA 的化学品风险评估是针对不同暴露场景开展的，因此，EPA 将对评估范围涉及的化学物质所有用途都分别做出风险确定。

5.3 日本化学物质风险评估

5.3.1 概述

日本《化审法》明确规定，要求环境省、经济产业省和厚生劳动省对通过危害筛查获得的优先评估化学物质（PACs）开展详尽的风险评估，并且要求风险评估必须采用透明、科学的过程，充分体现预警原则。因此，日本政府组织研究制定了化学物质风险评估技术方法，明确风险评估的主要内容包括危害评估、暴露评估和风险表征三个方面。

危害评估主要评估 PACs 对人体健康和生态环境存在的危害性,并分别明确危害的剂量-效应关系;暴露评估则包括人体健康暴露评估和生态环境暴露评估,主要利用企业申报数量信息、污染物释放与转移登记(Pollutant Release and Transfer Registers,PRTR)数据、环境监测数据等,采用合理的估算方法与模型并结合专家判断,来估算 PACs 的人体暴露和环境暴露的数量与浓度。而风险表征同样采用商值法表征 PACs 是否存在风险。用 PACs 的暴露数量(或浓度)与危害评估获得的表征值相除,获得的商值若大于 1,则表明存在不合理风险。

但是,与其他国家风险评估方法不同的是,在日本风险评估方法中,将风险评估分成了两类:一类是基本风险评估[Risk Assessment(Primary)];另一类是二次风险评估[Risk Assessment(Secondary)]。此外,在基本风险评估中,日本采用了分阶段评估的方式,将评估过程划分为Ⅰ、Ⅱ、Ⅲ 3 个阶段。Ⅰ阶段评估(Assessment Ⅰ)是在现有最少信息基础上对 PACs 开展初步评估,主要目的是对哪些 PACs 进入下一阶段评估进行优先性排序;Ⅱ阶段评估(Assessment Ⅱ)是针对Ⅰ阶段评估结论为存在不合理风险的 PACs,进一步优化危害数据和环境暴露数据,基于新数据重新进行评估,以确定是否将该物质列入第二类特定化学物质目录进行管理;Ⅲ阶段评估(Assessment Ⅲ)是对于生产使用和处置方式发生改变,并且有新的环境暴露监测数据的 PACs,重新开展评估,并确定是否有必要制订危害数据调查与监测计划。

5.3.2 日本风险评估技术

(1)风险评估技术方法概要

日本风险评估的目标是"评估确定化学物质造成的环境污染是否存在对人体或人群和/或环境生物的损害风险"。为了实现这个目标,日本政府设计了适合本国特点的化学品风险评估技术方法。目前,日本政府提出的风险评估方法主要是为了评估 PACs 的环境和健康风险,为实施相应风险管控提供依据。

日本政府在建立 PACs 的风险评估技术方法时,借鉴了国际化学品风险评估技术方法,以预警原则为指导,建立了一种科学的、透明的评估技术方法,同时结合本国化学品生产使用特点及管控要求,构建风险评估的"渐进式模式",确保风险评估技术方法具有可操作性。从表 5-1 看出,这种"渐进式模式"中 PACs 的风险评估被分成了两部分:基本风险评估[Risk Assessment

（Primary）］和二次风险评估［Risk Assessment（Secondary）］。而在基本风险评估中，根据所能获得的化学物质危害和暴露信息的情况，又被分为Ⅰ阶段、Ⅱ阶段和Ⅲ阶段评估。

表 5-1　日本"渐进式"风险评估技术方法概要

评估阶段	评估方式
基本风险评估 Risk Assessment（Primary）	采用通用方法对所有 PACs 开展风险评估
评估准备	
Ⅰ阶段评估（Assessment Ⅰ）	在现有最少信息基础上开展初步评估，主要目的是对哪些 PACs 进入下一阶段评估进行优先性排序
危害评估Ⅰ Hazard Assessment Ⅰ	• 推导人体健康的危害评估值（TDI）； • 推导水生生物 PNEC
暴露评估Ⅰ Exposure Assessment Ⅰ	根据申报数据估算排放量，或采用模型估算排放量 • 人体健康：估算经口暴露量和吸入暴露量； • 环境：估算水生生物暴露浓度
风险估计Ⅰ Risk Estimation Ⅰ	将每个假设释放源的暴露量与 TDI 或 PNEC 进行比较，确定关注风险；估算全国范围内具有风险的假设排放源数量，以及影响面积
设定优先级	确定进入下一阶段评估的化学品
Ⅱ阶段评估（Assessment Ⅱ）	对于Ⅰ阶段评估结论为存在风险的 PACs，进一步优化危害数据和环境暴露数据，基于新数据重新进行评估，以确定是否列入第二类特定化学物质目录进行管理
危害评估Ⅱ Hazard Assessment Ⅱ	优化数据，确定关键研究数据，开展全面危害评估
暴露评估Ⅱ Exposure Assessment Ⅱ	基于申报的数量数据，开展多层级、多维度的暴露分析与评估（使用模型估算数据、PRTR 数据、环境监测数据）
风险估计Ⅱ Risk Estimation Ⅱ	确定风险影响范围
总结（Summarization）	—
Ⅲ阶段评估（Assessment Ⅲ）	对于生产使用和处置方式发生改变，并且有新的环境暴露监测数据的 PACs，重新开展评估，并确定是否有必要制订危害数据调查与监测计划
二次风险评估 Risk Assessment（Secondary）	对获得了新的慢性危害数据的 PACs 开展再评估

注：TDI（Tolerable Daily Intake）为耐受摄入量。

在上述风险评估的不同阶段或环节,风险评估技术方法被进行了应用。同时,日本政府明确说明风险评估技术方法并不是单一方法,而是一个系统化的体系,是多种技术方法的综合应用。同国际上风险评估相似,日本 PACs 风险评估过程中广泛运用了多学科知识、多种模型方法,风险评估的主要内容包括:

①危害评估。评估 PACs 对人体健康和生态环境存在的危害性,并分别明确危害的剂量-效应关系。

②暴露评估。包括人体健康暴露评估和生态环境暴露评估,主要利用企业申报数量信息、PRTR 数据、环境监测数据等,采用合理的估算方法与模型并结合专家判断,来估算 PACs 人体暴露和环境暴露的数量与浓度。

③风险表征。采用商值法表征 PACs 是否存在风险。用 PACs 的暴露数量(或浓度)与危害评估获得的表征值相除,获得的商值若大于 1,则表明存在风险。

(2) 环境危害效应评估

日本环境危害效应评估目的是推导环境单元中化学物质的预测无效应浓度(PNEC)。环境危害效应评估的基本流程是化学物质危害信息收集、充分性与有效性分析、数据可靠性评估以及 PNEC 值的推导。

在日本环境危害效应评估技术方法中,主要以水生生物和沉积物生物为评估对象,重点评估化学物质对这些生物的长期危害效应,效应终点通常以无观察效应浓度(NOEC)、EC_{10} 或最大可接受毒性浓度(Maximum Acceptable Toxicant Concentration,MATC)表示。此外,在日本评估技术方法中还假设化学物质在淡水和海水中对水生生物和沉积物生物的毒性效应敏感度相同,不再对淡水和海水的环境危害效应评估技术方法进行区分处理。

由于日本风险评估是分步骤进行,因此对于化学物质环境危害效应评估也就被分为了基本风险评估Ⅰ、Ⅱ、Ⅲ阶段的环境危害效应评估。事实上,各阶段的效应评估技术方法基本相似,均推荐采用评估系数法或相平衡分配法来计算不同环境单元的 PNEC。区别在于,随着风险评估阶段的不断深入,所需危害效应数据的质量、完整性、全面性等方面均有更高要求,以满足精细化风险评估的需要。

评估系数法计算公式如下:

$$PNEC = \frac{可靠的环境危害效应数据}{UF} \qquad (5\text{-}3)$$

式中，PNEC —— 化学物质对环境生物的预测无效应浓度；

　　　UF（Uncertainty Factors）—— 评估系数或不确定系数。

相平衡分配法是一种估算PNEC$_{沉积物}$的替代方法，当缺少沉积物生物毒性数据时，可以使用相平衡分配法估算PNEC$_{沉积物}$。该方法预先假定：

①沉积物生物和水生生物对于化学物质的敏感性是相同的；

②化学物质的沉积物浓度、孔隙水浓度、沉积物生物浓度均处于平衡状态。

在日本风险评估技术方法中，采用了欧盟 REACH 评估指南中提出的相平衡分配法，计算公式如下：

对于 $3 \leqslant \lg K_{ow} < 5$ 的化学物质：

$$\text{PNEC}_{沉积物}[\text{mg}/(\text{kgwwt})] = \frac{K_{\text{susp-water}}}{\text{RHO}_{\text{susp}}} \times \text{PNEC}_{水} \times 1\,000 \qquad (5\text{-}4)$$

$$\text{PNEC}_{沉积物}[\text{mg}/(\text{kgdwt})] = \text{PNEC}_{沉积物}[\text{mg}/(\text{kgwwt})] \times \text{CONV}_{\text{susp}} \qquad (5\text{-}5)$$

对于 $5 \leqslant \lg K_{ow}$ 的化学物质：

$$\text{PNEC}_{沉积物}[\text{mg}/(\text{kgwwt})] = \frac{K_{\text{susp-water}}}{\text{RHO}_{\text{susp}}} \times \text{PNEC}_{水} \times 1\,000 \times \frac{1}{10} \qquad (5\text{-}6)$$

$$\text{PNEC}_{沉积物}[\text{mg}/(\text{kgdwt})] = \text{PNEC}_{沉积物}[\text{mg}/(\text{kgwwt})] \times \text{CONV}_{\text{susp}} \qquad (5\text{-}7)$$

式中，PNEC$_{沉积物}$——沉积物生物预测无效应浓度，mg/kg；

　　　PNEC$_{水}$——水生生物预测无效应浓度，mg/L；

　　　$K_{\text{susp-water}}$——化学物质悬浮物-水分配系数，m³/m³；

　　　RHO$_{\text{susp}}$——水中悬浮物容重，kg/m³，默认值为1 150；

　　　CONV$_{\text{susp}}$——换算系数，默认值为4.6。

（3）环境暴露评估

在日本，化学物质环境暴露评估的目的是估算不同环境单元中化学物质的预测环境浓度（PEC），以及通过环境间接暴露的人体化学物质摄入量。其中，环境单元主要指淡水或海水环境及其沉积物，而通过环境间接暴露一般考虑人体经由室外大气的吸入暴露、经由饮水和食物（农作物、牛肉、乳制品及鱼贝类等）的经口暴露。在日本的风险评估技术中，对于人体健康的暴露途径主要考虑吸入途径、经口途径以及通过环境间接暴露途径，而经皮途径的暴露不予以考虑。

日本根据《化审法》开展的化学物质风险评估中明确规定,不针对以下情况开展环境暴露评估:

①非《化审法》管控排放源造成环境暴露,如汽车废气排放、自然源排放(火山)、爆炸等事故排放、国外环境污染造成的暴露等;

②并不是通过环境介质间接造成的暴露,如室内环境暴露、职业暴露、直接使用消费品的暴露等;

③非《化审法》管控用途造成的暴露,如食品添加剂、农药、医药等造成的暴露。

在日本化学物质的环境暴露评估中,引入了"虚拟排放源"(Hypothetical Release Source,HRS)的概念。"虚拟排放源"是指在一定区域内的某一个虚拟企业,该企业包括了区域内某一用途下所有化学品总量。"虚拟排放源"的数量由企业数量、用途数量等因素来决定。采用"虚拟排放源"的思路,基本评估原则是"如果对从虚拟排放源造成化学品环境排放都没有必要担心,则实际的各个排放源的排放量肯定小于虚拟排放源的排放量,基本可以判断不必担心存在风险"。

尽管日本采用了分阶段、分步骤的渐进式风险评估方式,但在各阶段的环境暴露评估技术方法方面基本是一致的,区别仅在于所采用的开展暴露评估的数据精准度不同。在化学物质环境暴露评估中,主要通过建立暴露场景,依据企业申报的生产量或进口量,考虑细化的化学物质用途分类,结合每种用途下的排放系数,估算出化学物质不同环境介质的释放数量,然后再根据环境释放数量估算化学物质预测环境浓度(PEC)或人体摄入数量。

在化学品环境释放量估算方面,日本推荐采用的方法包括物料衡算法、实测法、排放系数法,以及根据化学品理化属性采用的工程概算法或专家判断法等。在通常情况下,日本采用如表 5-2 所示的概念公式进行释放量估算。

总体上,无论是基本风险评估(Ⅰ阶段、Ⅱ阶段和Ⅲ阶段)还是二次风险评估,在估算化学物质环境浓度与人体摄入量时的技术方法相同,区别在于所采用的各类参数信息的精确度。

表 5-2 化学品环境释放量推荐估算方法的概念公式

生产阶段释放数量估算
大气释放量（生产阶段）=生产数量 × 生产阶段的大气排放系数
水释放量（生产阶段）=生产数量 × 生产阶段的水排放系数
配制阶段释放量估算
用途 i 下的大气释放量=用途 i 下的数量 × 配制阶段用途 i 的大气排放系数
用途 i 下的水释放量=用途 i 下的数量 × 配制阶段用途 i 的水排放系数
使用阶段释放量估算
用途 i 下的大气释放量=（用途 i 下的数量-配制阶段用途 i 下的大气释放量）× 使用阶段用途 i 下的大气排放系数
用途 i 下的水释放量=（用途 i 下的数量-配制阶段用途 i 下的水释放量）× 使用阶段用途 i 的水排放系数

注：采用 PRTR 申报数据。

基本数学模型分别如下所示。

①大气浓度计算方法：

$$C_{0,大气}=Q_{大气,\text{eff}} \times \text{CONV}_{大气} \tag{5-8}$$

$$C_{大气}= C_{0,大气} \times K_{\text{dep}} \tag{5-9}$$

式中，$C_{0,大气}$——未考虑沉降作用的化学物质大气环境浓度，mg/m^3；

$C_{大气}$——考虑沉降作用后的化学物质大气环境浓度，mg/m^3；

$Q_{大气,\text{eff}}$——大气环境释放量，t/a；

$\text{CONV}_{大气}$——大气浓度换算系数，$(mg/m^3)/(t/a)$；

K_{dep}——大气沉降修正系数，量纲一。

②水环境浓度计算方法：

日本评估技术方法中，化学物质淡水浓度、海水浓度的估算方法一致。

$$C_{水环境} = \frac{\text{TEMW} \times 10^6}{V_{水流量} \times (365 \times 24 \times 60 \times 60) \times 1\,000} \tag{5-10}$$

式中，$C_{水环境}$——化学物质淡水或海水环境浓度（包括用于人体健康评估和用于水生态评估两类浓度），mg/L；

TEMW——化学物质每年的水环境释放量，kg/a；

$V_{水流量}$——河流（或海水）流量，m³/s。在评估人体健康时，河流流量默认值为 20.85 m³/s（水环境释放量为估算值时），4.35 m³/s（水环境释放量采用PRTR数据时），海水流量默认值为 43.5 m³/s；在评估生态环境时，河流流量默认值为 13.47 m³/s（水环境释放量为估算值时），2.51 m³/s（水环境释放量采用PRTR数据时），海水流量默认值为 25.1 m³/s。

③沉积物环境浓度计算方法：

日本评估技术方法中，对于 $\lg K_{ow}$ 大于 3 的化学物质，在基本风险评估的 II 阶段、III 阶段以及二次风险评估阶段需要开展化学物质的沉积物环境暴露评估。沉积物中化学物质浓度的估算方法如下所示。

$$C_{沉积物(湿重)} = \frac{K_{悬浮物-水}}{RHO_{悬浮物}} \times C_{水,溶解态} \times 1000 \tag{5-11}$$

$$C_{水,溶解态} = C_{水环境} \times (1 - fwp) \tag{5-12}$$

式中，$C_{沉积物(湿重)}$——化学物质沉积物中浓度，mg/kg；

$K_{悬浮物-水}$——悬浮物-水分配系数，m³/m³；

$RHO_{沉积物}$——沉积物容重，kg/m³；

$C_{水,溶解态}$——化学物质水环境溶解态浓度，mg/L；

$C_{水环境}$——化学物质水环境浓度（用于生态评估的浓度），mg/L；

fwp——悬浮物吸附率，量纲一。

④土壤及土壤间隙水环境浓度计算方法：

● 土壤中化学物质浓度的估算方法如下所示。

$$C_{土壤} = \frac{D_{大气}}{k_{土壤}} - \frac{D_{大气} \times 1 - e^{-k_{土壤} \times T}}{k_{土壤}^2 \times T} \tag{5-13}$$

式中，$C_{土壤}$——土壤中化学物质浓度（10 年平均值），mg/kg；

$D_{大气}$——大气沉降量，mg/(kg·d)；

$k_{土壤}$——从土壤中消失的总一级速度常数，1/d；

T——时间，d，默认值为 10 年（3 650 天）。

● 土壤间隙水中化学物质浓度的估算方法如下。

$$C_{间隙水} = \frac{C_{土壤} \times \dfrac{BD_{土壤}}{1\,000}}{K_{土壤-水}} \qquad (5\text{-}14)$$

式中，$C_{间隙水}$——土壤间隙水中化学物质浓度，mg/L；

$C_{土壤}$——土壤中化学物质浓度（10年平均值），mg/kg；

$BD_{土壤}$——土壤密度，kg/m³；

$K_{土壤-水}$——土壤-水分配系数，量纲一。

⑤其他介质中浓度的计算方法：

为评估普通人群通过环境介质的间接暴露量，还需要对饮用水、食物（如农作物、鱼类、肉制品、奶制品）中化学物质的浓度进行估算。

● 饮用水中化学物质浓度的估算方法如下。

$$C_{饮用水} = C_{水,溶解态} \qquad (5\text{-}15)$$

$$C_{水,溶解态} = C_{水环境} \times (1 - \text{fwp}) \qquad (5\text{-}16)$$

式中，$C_{饮用水}$——化学物质饮用水中浓度（最坏情境下），mg/L；

$C_{水,溶解态}$——化学物质水环境溶解态浓度，mg/L；

$C_{水环境}$——化学物质水环境浓度（用于人体健康评估的浓度），mg/L；

fwp——悬浮物吸附率，量纲一。

● 鱼体内化学物质浓度的估算方法如下。

$$C_{鱼类} = C_{水环境} \times \text{BCF} \times \text{BMF} \qquad (5\text{-}17)$$

式中，$C_{鱼类}$——鱼类（淡水或海水）体内化学物质浓度，mg/kg；

$C_{水环境}$——化学物质水环境浓度（淡水或海水，用于人体健康评估的浓度），mg/L；

BCF——化学物质在鱼体内的生物富集系数，l/kg；

BMF——化学物质在鱼体内的生物放大系数，量纲一。

● 农作物化学物质浓度的估算方法如下。

根茎类农作物中化学物质浓度：

$$C_{农作物,根茎} = C_{间隙水} \times \text{RCF} \times \text{VG}_{农作物,根茎} \qquad (5\text{-}18)$$

式中，$C_{农作物,根茎}$——根茎类农作物（地下部分）中化学物质浓度，mg/kg；

$C_{间隙水}$——土壤间隙水中化学物质浓度，mg/L；

RCF——根茎类农作物蓄积系数，l/kg。当化学物质 $-0.57 \leqslant \lg K_{ow} < 2$ 时，RCF$=10^{0.77\lg K_{ow}-1.52}+0.82$；当 $2 \leqslant \lg K_{ow} < 8.2$ 时，RCF$=10^{0.77\lg K_{ow}-1.52}$；

$VG_{农作物,根茎}$——修正系数，量纲一。

叶类农作物中化学物质浓度：

$$C_{农作物,叶类} = C_{ag\_aer} + C_{ag\_gas\_r} \tag{5-19}$$

式中，$C_{农作物,叶类}$——叶类农作物（地上部分）中化学物质浓度，mg/kg；

C_{ag_aer}——来自大气中化学物质吸附于农作物的浓度，mg/kg；

$C_{ag\_gas\_r}$——从大气和土壤吸收的化学物质分布于茎叶部分的浓度，mg/kg。

● 肉制品与奶制品中化学物质浓度的估算方法如下所示。

$$C_{肉制品} = BTF_{肉制品} \times \\ \left\{ \left(C_{草} \times CTL_{草} \times CONWD\right) + \left(C_{土壤} \times CTL_{土壤} \times CONV_{土壤}\right) + \left(C_{大气} \times CTL_{吸入}\right) \right\} \tag{5-20}$$

$$C_{奶制品} = BTF_{奶制品} \times \\ \left\{ \left(C_{草} \times CTL_{草} \times CONWD\right) + \left(C_{土壤} \times CTL_{土壤} \times CONV_{土壤}\right) + \left(C_{大气} \times CTL_{吸入}\right) \right\} \tag{5-21}$$

式中，$C_{肉制品}$——肉制品中化学物质浓度，mg/kg；

$BTF_{肉制品}$——肉制品中化学物质的转移系数，d/kg，当化学物质 $1.5 < \lg K_{ow} < 6.5$ 时，$BTF_{肉制品}=10^{-7.6+\lg K_{ow}}$；

$BTF_{奶制品}$——奶制品中化学物质的转移系数，d/kg，当化学物质 $3 < \lg K_{ow} < 6.5$ 时，$BTF_{奶制品}=10^{-8.1+\lg K_{ow}}$；

$C_{草}$——牧草中化学物质浓度，mg/kg；

$CTL_{草}$——牧草摄入量（干重），kg/d，默认值为 8；

CONWD——换算系数（牧草干重→湿重），量纲一，默认值为 4；

$C_{土壤}$——土壤中化学物质浓度（10 年平均值），mg/kg；

$CTL_{土壤}$——土壤摄入量（干重），kg/d；

$CONV_{土壤}$——换算系数（土壤干重→湿重），量纲一；

$C_{大气}$——大气环境浓度，mg/m³；

$CTL_{吸入}$——大气吸入量，m^3/d，默认值为 122。

（4）环境风险表征

从整体上看，在日本风险评估技术中，环境风险表征采用的是"商值法"，也就是通过比较预测环境浓度（PEC）与预测无效应浓度（PNEC）或通过比较人体经由环境介质摄入的化学物质总量与人体健康效应阈值，来表征化学物质是否存在"应关注风险"。

但是，日本风险评估采用的是渐进式方式，因此在不同阶段的风险评估中，环境风险表征的方法在基本"商值法"的基础上，也存在一定的差异性。

①基本风险评估——Ⅰ阶段环境风险表征。

如果化学物质风险表征比率（RCR=PEC/PNEC）或危害商（Hazard Quotient，HQ）（HQ=人体摄入总量/健康危害效应阈值）大于等于 1，则表明化学物质存在应关注风险。

在日本Ⅰ阶段环境风险表征中，RCR 或 HQ 的大小只能表明单一排放源（或虚拟排放源）或某种暴露场景下造成的化学物质环境暴露是否存在风险，而不能表征化学物质的某个用途在全国范围内是否存在风险。因此，日本在Ⅰ阶段环境风险表征中还采用了以地理分布为风险指标（Risk Indicator，RI）的风险表征方式。计算风险商值（RCR 或 HQ）后，风险指标可以表示为以下两种类型的地理分布：

i. 风险点位数量：全国范围内应关注风险的排放源数量；

ii. 风险影响面积：全国范围内应关注风险影响区域的总面积。

也就是说，在表征环境风险时，除了要确认风险商值是否大于 1，还要综合考虑风险点位数量、风险影响面积，从而判别化学物质在全国范围内的综合风险状况。表征环境风险时，可以采用 i 的指示方式；表征人体健康风险时，可以同时采用 i 和 ii 的指示方式。采用这种风险地理分布进行风险指示，可以有效、直观地确定不同用途、不同排放源、不同工业行业等存在的风险程度（图 5-2、图 5-3）。

事实上，日本Ⅰ阶段环境风险表征的主要作用并不是真正量化风险，而是进行初步风险判断，根据化学物质造成的环境或健康风险状况，优选进入下一阶段风险评估的物质。

第5章 化学物质环境风险评估技术

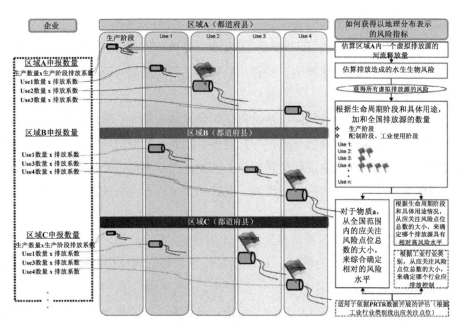

图 5-2 日本表达环境风险指标的方式示意图

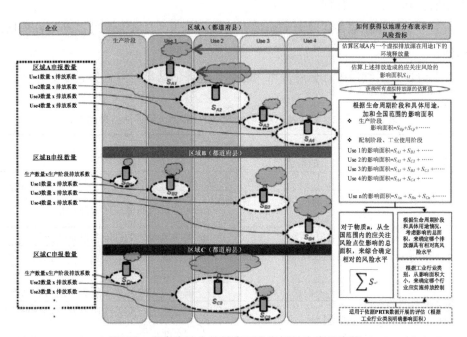

图 5-3 日本表达人体健康风险指标的方式示意图

②其他阶段的环境风险表征。

同Ⅰ阶段环境风险表征不同，Ⅱ阶段及后续风险评估阶段的环境风险表征目的是量化风险。通过量化风险，经评估获得的估算风险值可以作为管理决策中采用的依据指标之一。

在日本Ⅱ阶段及后续风险评估阶段的环境风险表征中，风险表征结果有助于提高对化学物质风险管理的有效性与针对性。因此，环境风险表征方法不再仅仅是以风险商值的大小来表征化学物质风险状况，而是要经过全面不确定分析后，综合考虑多方面、多层次的影响因素，对评估结论进行充分的解释，包括对以下问题的进一步说明：

➢ 如果存在基于多种信息来源的评估结论，哪些信息来源应成为保证确定性的基础？每个信息源的特点、局限性是什么？评估结论中还存在哪些不确定性因素？

➢ 目前经过评估确认的风险或污染，是否有进一步扩散的可能性？除现有评估的点源排放外，是否还存在其他排放？其他排放的贡献率是多少？在一般环境中的实际检出状况如何？

➢ 是否存在应关注风险的面积？在该区域内的排放源周边的环境检出情况如何？

Ⅱ阶段及后续风险评估阶段用来表达风险评估结果的方式如表5-3所示。

表5-3　日本Ⅱ阶段及后续风险评估阶段表达风险评估结果的方式

暴露场景	评估过程如果使用了以下类别的数据信息	风险表征的方式
对于环境风险表征来说		
每个排放源的暴露场景	企业申报的化学物质信息，如生产量等	应关注风险的虚拟排放源数量
	PRTR申报数据	应关注风险的PRTR申报企业数量
	环境监测数据（也可获得PRTR数据）	围绕排放源的每个环境监测点位的PEC/PNEC比值
考虑了各种排放源影响的暴露场景	PRTR申报数据	全国范围内应关注风险点位的分布情况
	环境监测数据	全国范围内与应关注风险相关的环境监测点的分布情况
根据用途的暴露场景	申报数据（如生产量等），PRTR申报数据	存在或不存在应关注风险（以区域分布形式体现）

暴露场景	评估过程如果使用了以下类别的数据信息	风险表征的方式
对于健康风险表征来说		
每个排放源的暴露场景	企业申报的化学物质信息，如生产量等	应关注风险的虚拟排放源数量、影响的面积
	PRTR 申报数据	应关注风险的 PRTR 申报企业数量、影响的面积
	环境监测数据（也可获得 PRTR 数据）	在围绕排放源的每个评估区域内是否存在应关注风险
考虑了各种排放源影响的暴露场景	PRTR 申报数据	全国范围内应关注风险点位的分布情况
	环境监测数据	全国范围内与应关注风险相关的环境监测点的分布情况
根据用途的暴露场景	申报数据（如生产量等），PRTR 申报数据	存在或不存在应关注风险（以区域分布形式体现）

5.4 澳大利亚化学物质风险评估

5.4.1 概述

澳大利亚发布了《工业化学品环境风险评估指南手册》（以下简称指南），为澳大利亚工业化学品的环境风险评估提供了一个技术框架，指导风险评估者在开展评估时充分考虑关键内容，同时也增强利益相关方对风险评估过程的了解。

指南发布的另外一个目的是促进对工业化学品风险评估技术方法广泛、透明的讨论。在指南发布之前，尽管澳大利亚政府开展风险评估时的基本方法是"四步法"，但是采用的风险评估技术没有固定的构架，均是参考与借鉴欧盟、美国、OECD、世界卫生组织（World Health Organization，WHO）等国家、地区和组织的技术方法，不同风险评估者开展的风险评估工作之间存在较大差异。因此，为了规范澳大利亚工业化学品的环境风险评估，澳大利亚发布了指南。但是，指南也明确说明提供了风险评估一般性的指导材料，并不对每种风险评估情况都进行详尽的说明，指南将根据实际经验进行更新，并从利益相关者的反馈中获得有用信息。因此，指南的应用仍主要依赖于风险评估者的专业判断。

5.4.2 澳大利亚风险评估技术

澳大利亚环境风险评估的流程包括数据收集与质量评估、环境危害效应评估、环境暴露评估和环境风险表征。

5.4.2.1 数据收集与质量评估

澳大利亚政府明确指出，开展化学品环境风险评估至少需要三方面数据：化学品固有属性数据、化学品环境暴露途径信息和化学品对环境生物的作用机制信息。

（1）化学品固有属性数据

在澳大利亚指南中，对所要收集的化学品固有属性类别进行了规定，至少包括理化属性数据和环境转归数据两类。

①理化属性数据。对于理化属性数据的收集，原则上所有收集到的理化属性数据均应该明确：

- 测试化学品的等级和性质，包括纯度说明等；
- 提供测试数据的机构或组织信息；
- 明确产生测试数据的所有物理条件，如温度、压力等；
- 理化属性，主要包括熔点/沸点、比重/密度、蒸汽压、水溶性、吸附性、正辛醇-水分配系数、解离常数等。

②环境转归数据。在数据收集过程中，化学品环境转归数据主要包括生物降解性数据和生物累积性数据两类。对于生物降解性数据，应收集快速生物降解性数据，并明确采用的测试方法的所有详细信息（如 OECD TG301 A-F）。此外，对于不具有快速生物降解性的化学品，还应该收集固有生物降解性或最终生物降解性数据。对于生物累积性数据，澳大利亚政府在指南中并没有明确需要收集哪些类别的数据，但是提出了应收集用于支撑开展生物累积性评估的数据（如脂溶性、水溶性等）。

（2）化学品环境暴露途径信息

通过对化学品环境释放相关数据的收集与分析，可帮助风险评估者确定化学品的环境暴露途径。在澳大利亚指南中，重点针对化学品生产过程、使用过程、储存与运输以及处置过程中化学品的环境释放信息进行收集。

对生产过程来说，需要收集一系列相关信息，包括化学品生产或配制的每一个企业位置信息、生产工艺信息（如工艺流程、环境释放点、原辅料等）以及每个生产点位化学品的环境释放信息等。其中，每个生产点位化学品的环境释放信息应包括对下列信息的收集：

> 化学品直接释放进入环境或废物处置设施的估算数量和估算浓度；
> 化学品释放进入的环境介质（如大气、土壤或水体）；
> 任何用于减少化学品环境排放的控制措施或技术的描述；
> 水体排放的最终目的地等。

对使用过程来说，应针对特定的化学品用途，收集每种用途下的使用企业数（或称作点位数）、每种用途通用的使用工艺描述以及每种用途下可能产生环境释放的状况分析。此外，每种环境释放状况下的化学品环境释放数量、浓度和释放介质的相关信息均应收集。

对储存与运输以及处置过程来说，所有涉及的企业信息均应被收集，同时还应收集如何确保安全储存、运输或处置的相关信息。

（3）化学品对环境生物的作用机制信息

在澳大利亚指南中规定，为开展化学品环境风险评估需要收集的"最小数据集"包括：

> 鱼类急性毒性数据。收集的数据应包括效应值（如 LC_{50} 等）、测试鱼种与数量、暴露时间、测试方法、置信度等。
> 溞类急性活动抑制试验数据和生殖试验数据。收集的数据应包括效应值（如 48 h 或 14 d EC_{50} 等）、测试溞物种与数量、测试方法、暴露时间等。
> 藻类生长抑制试验数据。收集的数据应包括效应值（如 EC_{50} 等）、测试条件、测试生物来源与培养方法等。
> 快速生物降解数据。
> 生物累积性数据。

此外，为更好地开展环境效应评估，其他数据也应被考虑并广泛进行收集，例如，化学品对啮齿动物的试验数据（用于野生生物效应评估）以及对陆生生物、土壤生物、鸟类的毒性试验数据等。

澳大利亚政府认为，在开展环境风险评估过程中，并不是所有收集到的数据都具有同等有效性，必须对拟用于风险评估的数据进行可靠性、相关性和充分性（Reliability，Relevance and Adequacy）评估。但是，在澳大利亚指南中，仅提出了开展数据质量评估的原则性规定。

在数据可靠性评估方面，指南中介绍了两类评估化学品数据可靠性的方法：

一是由 Klimisch 等（1997）提出的数据可靠性评分系统，该系统重点针对生态毒理和健康毒理数据的评估，但是经过适当调整也可扩展至对理化属性、环境转归以及环境暴露数据的可靠性评估。

二是 EPA 研发用于化学品高产量计划的数据质量评估方法，该方法通过综合分析不同评估终点信息的整体科学完整性和有效性来实现对数据质量可靠性的评估。

在化学品数据相关性和充分性评估方面，由于每个数据都是针对特定情况下（Case-Specific）产生的，澳大利亚认为采用合理的科学判断是评估相关性和充分性的最重要原则，难以建立一种分级评分方法来进行相关性和充分性评估，必须依靠专业人员采用证据权重（Weight of Evidence，WoE）等方法对所有数据进行分析，最终确定哪些数据具有相关性和充分性，以用于开展环境风险评估。

此外，在澳大利亚指南中对环境监测数据的质量评估进行了重点说明。鉴于现有工业化学品可能存在许多有关大气、水、沉积物、土壤或生物体的监测数据，在开展环境风险评估时必须仔细评估其代表性，并应与估算环境浓度数据一起更好地表征环境暴露状况。通过对化学品环境监测数据所使用的采样和分析方法、监测活动的地理空间、时间尺度等因素的综合评估，获得具有代表性的环境监测数据用于风险评估。当缺少环境监测数据时，可以参考国际上的监测数据，但是这些国际数据并不能真正代表本地的环境暴露状况，更好的用途是利用这些国际数据来帮助确认模型估算数据是否真实可靠。

5.4.2.2 环境危害效应评估

在澳大利亚指南中明确规定，环境危害效应评估具有两个目的：一是识别应关注的环境危害；二是确定不会对生态系统造成任何不可接受影响的预测无效应浓度（PNEC）。

在澳大利亚指南中明确规定，开展环境危害效应评估涉及的环境单元主要包括：

- ➢ 水环境；
- ➢ 污水处理厂（Sewage Treatment Plants，STP）微生物环境；
- ➢ 沉积物（微生物环境）；
- ➢ 陆生环境；

- 大气环境；
- 二次毒性。

作为 OECD 的成员国之一，澳大利亚政府认为在 OECD 系统内已形成了相对统一的环境危害效应评估方法，可以直接采用。因此，在澳大利亚的技术文件中明确了常见的环境危害效应评估方法，用来估算不同环境单元的 PNEC。

(1) 水环境危害效应评估

基于经数据质量评估后的有效、可靠的水环境生态毒性数据，澳大利亚采用不同方法开展危害效应评估。

①评估系数法。采用评估系数法进行水环境危害效应评估，推导 PNEC 的基本公式如下：

$$PNEC_{水} = \frac{水环境生态毒性数据}{AF} \tag{5-22}$$

式中，生态毒性数据可以采用最低 LC_{50}、EC_{50}、其他 $L(E)C_x$、NOEC、LOEC 等，有时也可采用 MATC 值用于 PNEC 推算。AF 是评估系数（也称作安全系数），反映了用于水环境危害效应评估的毒性数据存在的许多不确定性。

②统计外推法。澳大利亚指南中明确提出，如果有大量来自不同水生生物种群的慢性毒性试验数据可用，则可使用统计外推法推导 PNEC。采用统计外推法时，存在两个方面的假设条件：一是假设物种敏感性的分布遵循一个理论函数分布；二是在实验室测试的一组物种是这种分布的随机样本。但是，在通常情况下只有少量化学品可采用统计外推法，因为只有这些已被充分研究的化学品才具有丰富的慢性毒性数据。

澳大利亚指南中推荐采用物种敏感度分布法（SSD）作为统计外推法。基本思路是根据 SSD 曲线上累积概率 5%对应的浓度值 HC_5，除以合适的评估因子，可获得水环境 PNEC。该方法的优点是充分使用了所有有效慢性生态毒性数据以及整个生态系统的物种敏感度分布，而不仅仅是利用单一的最低 NOEC 值。

(2) STP 微生物危害效应评估

澳大利亚指南中明确规定，如果一种化学品通过污水处理厂（STP）后排放进入环境，就应该对这种化学品的 STP 微生物危害效应进行评估，确保不会影响污水处理过程。

对于STP微生物危害效应评估方法，澳大利亚采用了欧盟TGD推荐的评估系数法，即最敏感毒性数据除以合适评估系数获得PNEC$_{微生物}$。STP微生物最敏感毒性数据的获取与质量评估方式与水环境评估相同。

(3) 沉积物危害效应评估

对于沉积物危害效应评估，澳大利亚提出了两种评估技术方法：评估系数法和平衡分配法（Equilibrium Partitioning Method，EPM）。

①评估系数法。当存在有效的沉积物生物毒性试验数据时，可以采用评估系数法进行沉积物危害效应评估，即有效的沉积物生物毒性数据除以合适评估系数推算获得PNEC$_{沉积物}$。使用该方法时，必须仔细评估所选择的沉积物生物毒性试验数据，并选择合适的评估系数。

②平衡分配法。当缺少沉积物生物毒性试验数据时，澳大利亚指南推荐采用平衡分配法进行沉积物危害效应评估，推算获得PNEC$_{沉积物}$。需要注意的是，平衡分配法仅作为一种筛选级方法，可以根据该方法的推算结果来确定是否有必要开展相关测试。

平衡分配法是假设一种化学品在沉积物和间隙水之间的分布处于或接近平衡状态。在这两相中，化学物质的逸度或活性在平衡时是相同的。基于这些假设，澳大利亚推荐平衡分配法推算沉积物 PNEC 的计算公式如下：

$$\text{PNEC}_{沉积物} = (K_{\text{sed-water}} / \text{BD}_{\text{sed}}) \times 1\,000 \times \text{PNEC}_{水} \quad (5\text{-}23)$$

式中，PNEC$_{沉积物}$——沉积物预测无效应浓度，mg/kg。

PNEC$_{水}$——水环境预测无效应浓度，mg/L或μg/L。

$K_{\text{sed-water}}$——悬浮物-水分配系数，量纲一或m^3/m^3。其中，$K_{\text{sed-water}}$= 0.8+0.2× Kp$_{\text{sed}}$/1 000/BD$_{\text{solid}}$，BD$_{\text{solid}}$为固相密度，默认值为 2 400 kg/m^3。

BD$_{\text{sed}}$——沉积物密度，kg/m^3。默认值为 1 280。

澳大利亚政府将平衡分配法应用于淡水沉积物和海洋沉积物的 PNEC 估算，但是也明确指出：当化学物质的 lgK_{ow} 大于 5 时，就必须对平衡分配法的计算公式进行必要的调整。

(4) 陆生环境危害效应评估

在澳大利亚指南中，陆生环境危害效应评估重点是针对土壤环境单元。但是，澳大利亚政府也认识到，化学物质土壤生物毒性数据通常比较匮乏。鉴于此，澳大利亚指南中推荐两种方法开展土壤环境危害效应评估，推算土壤环境 PNEC。

①评估系数法。当存在实测土壤生物毒性试验数据时,推荐采用评估系数法。即有效的土壤生物毒性数据除以合适评估系数推算获得$PNEC_{土壤}$。土壤生物毒性数据应选择最低的有效、可靠数据。

②平衡分配法。澳大利亚平衡分配法估算土壤 PNEC 的推荐公式如下:

$$PNEC_{土壤} = (Kp_{soil} / BD_{soil}) \times 1\,000 \times PNEC_{水} \qquad (5-24)$$

式中,$PNEC_{土壤}$——土壤预测无效应浓度,mg/kg。

$PNEC_{水}$——水环境预测无效应浓度,mg/L。

Kp_{soil}——土壤固-水分配系数,L/kg。其中,$Kp_{soil}=K_{oc} \times f_{oc}$,$f_{oc}$ 为土壤有机碳分配系数,默认值为 0.02。

BD_{soil}——土壤密度,kg/m³,默认值为 1 500。

(5)大气环境危害效应评估

在澳大利亚指南中,化学物质大气环境危害效应评估并不考虑生物效应,仅关注非生物效应,包括长距离迁移潜力、温室效应潜力和破坏臭氧层潜力。

"长距离迁移潜力"并不是所有化学物质的固有属性,而仅是少量化学物质的表现特点。仅通过环境监测数据来分析是否具有长距离迁移潜力是很困难的,尤其是对于那些缺少监测方法、微量或痕量环境赋存的化学物质。因此,建议可以通过化学物质在大气环境中的半衰期是否大于 2 d,来判断是否具有长距离迁移潜力。对于"温室效应潜力"和"破坏臭氧层潜力",明确仅有某些化学物质才需要计算温室效应潜能值(Global Warming Potential,GWP)和臭氧消耗潜能值(Ozone Depletion Potential,ODP),而且可以通过查询国际上已有的 GWP 和 ODP,来评估化学物质是否具有温室效应潜力或消耗臭氧潜力。

5.4.2.3 环境暴露评估

环境暴露评估既包括表征暴露于化学物质的生物范围,也包括估算化学物质在不同环境介质中的暴露浓度。澳大利亚政府明确了开展环境暴露评估的三个主要步骤:释放量估算、环境转归和分布行为分析、预测环境浓度(PEC)推算。

在化学物质环境释放量估算方面,澳大利亚评估技术方法采用多种方式,包括:

- ➢ 根据企业申报的数据(如澳大利亚释放与转移数据);
- ➢ 借鉴已被评估过具有相似属性、用途和暴露模式化学物质的排放信息;
- ➢ 采用自行构建的排放场景进行环境释放量估算等。

此外，澳大利亚推荐了其他国家、地区或组织（如欧盟、OECD 等）已建立的化学物质环境排放场景文件，也可用来估算化学物质环境释放数量。

化学物质释放到环境后，对其环境转归和分布行为进行分析，能够最终确定化学物质在环境中的赋存情况。这种分析主要根据化学物质固有属性和具体环境条件，采用模型进行估算分析，但是，许多化学物质（如聚合物、离子态物质、UVCB 物质等）很难进行模拟估算。因此，澳大利亚政府认为化学物质环境转归和分布行为分析很大程度上需要依赖于专家判断。

完成化学物质环境释放量估算和不同环境单元分布状况分析之后，就进入化学物质暴露评估的最后阶段，即估算化学物质在不同环境单元中的预测环境浓度（PEC）。

（1）大气环境

在澳大利亚指南中，环境风险评估中很少估算化学物质在大气环境中的预测环境浓度（$PEC_{大气}$）。但是，评估人体通过环境间接暴露状况时经常会用到 $PEC_{大气}$，以估算通过吸入途径摄入化学物质的数量。因此，通常在评估时还是需要估算 $PEC_{大气}$。

在澳大利亚指南中，估算 $PEC_{大气}$ 采用了欧盟推荐的方法。

$$PEC_{大气} = C_{\text{local}\,大气,年均} + PEC_{\text{regional}\,大气} \tag{5-25}$$

$$C_{\text{local}\,大气,年均} = C_{\text{local}\,大气} \cdot \frac{T_{排放}}{365} \tag{5-26}$$

$$C_{\text{local}\,大气} = \max\left(E_{\text{local}\,大气},\ E_{\text{STP}\,大气}\right) \cdot C_{\text{STP}\,大气} \tag{5-27}$$

式中，$PEC_{大气}$——大气环境中化学物质的预测环境浓度，mg/m^3；

$C_{\text{local}\,大气,年均}$——局部大气环境（距离排放点源 100 m 处）中化学物质的年均浓度，mg/m^3；

$PEC_{\text{regional}\,大气}$——区域大气环境中化学物质的背景浓度，$mg/m^3$；

$C_{\text{local}\,大气}$——排放阶段的局部大气环境中化学物质浓度，mg/m^3；

$T_{排放}$——每年排放天数（每年用量/每天用量），d/a，默认 365 d；

$E_{\text{local}\,大气}$——排放阶段的废气中化学物质的日排放量，kg/d；

$E_{\text{STP}\,大气}$——从 STP 间接排放到大气的化学物质日排放量，kg/d；

$C_{STP大气}$——排放源强为 1 kg/d 时大气中化学物质的浓度，mg/m³，默认值为 $2.78×10^{-4}$。

（2）水环境

在澳大利亚指南中，估算化学物质水环境预测浓度的方法：

$$PEC_{淡水} = \frac{C_{eff}}{DILUTION_{淡水}} \quad (5\text{-}28)$$

$$PEC_{海水} = \frac{C_{eff}}{DILUTION_{海水}} \quad (5\text{-}29)$$

$$C_{eff} = \frac{\left[(E_{STP}/E_d)×10^9\right]×F_{STPeff}}{WATER_{person}×POP_{total}×F_{pop}} \quad (5\text{-}30)$$

式中，$PEC_{淡水}$——淡水环境中化学物质的预测环境浓度，μg/L；

$PEC_{海水}$——海水环境中化学物质的预测环境浓度，μg/L；

$DILUTION_{淡水}$——淡水环境的稀释系数，量纲一，默认值为 1；

$DILUTION_{海水}$——海水环境的稀释系数，量纲一，默认值为 10；

C_{eff}——废水中化学物质的浓度，μg/L；

E_{STP}——废水排放速率，kg/a；

E_d——废水排放天数，d；

F_{STPeff}——废水中化学物质进入水相的比率，量纲一；

$WATER_{person}$——每人用水量，l/d，默认值为 200；

POP_{total}——人口总数，默认值为 $19.5×10^6$。

（3）土壤环境

主要考虑了化学物质土壤环境暴露通过污水灌溉和通过污泥的土壤应用两种途径。对于通过污水灌溉途径造成的化学物质土壤暴露，估算土壤中化学物质浓度的方法如下：

$$PEC_{土壤} = \frac{WASTEWATER_{land}×(C_{eff}/1\,000)}{SOILMIX_{depth}×SOIL_{density}} \quad (5\text{-}31)$$

式中，$PEC_{土壤}$——土壤环境中化学物质的预测环境浓度，mg/kg；

$WASTEWATER_{land}$——灌溉废水的使用量，l/(m²·a)，默认值为 1 000；

C_{eff}——废水中化学物质浓度，μg/L；

$SOILMIX_{depth}$——土壤混合深度，m，默认值为0.1；

$SOIL_{density}$——土壤密度，kg/m³，默认值为1 500。

对于通过污泥的土壤应用途径造成的化学物质土壤暴露，估算土壤中化学物质浓度的方法如下：

$$PEC_{土壤} = \frac{BS_{land} \times C_{biosolids}}{SOILMIX_{depth} \times SOIL_{density}} \quad (5\text{-}32)$$

$$C_{biosolids} = \frac{\left[(E_{STP}/E_d) \times 10^9\right] \times F_{STPbiosolids}}{(WATER_{person} \times POP_{total} \times F_{pop})/10^6 \times BS_{prod}} \quad (5\text{-}33)$$

式中，$PEC_{土壤}$——土壤环境中化学物质的预测环境浓度，mg/kg；

BS_{land}——污泥的土壤应用量，kg/(m²·a)，默认值为1；

$C_{biosolids}$——污泥中化学物质浓度，μg/kg；

$SOILMIX_{depth}$——土壤混合深度，m，默认值为0.1；

$SOIL_{density}$——土壤密度，kg/m³，默认值为1 500；

E_{STP}——废水排放速率，kg/a；

E_d——废水排放天数，d；

$F_{STPbiosolids}$——废水中化学物质进入污泥的比率，量纲一；

$WATER_{person}$——每人用水量，l/d，默认值为200；

POP_{total}——人口总数，默认值为19.5×10⁶。

BS_{prod}——单位废水的污泥产生量，kg/mL，默认值为100。

在澳大利亚指南中也明确指出，上述两种估算方法获得的化学物质土壤浓度只是在1年内的暴露结果，当估算长期暴露浓度时，需要综合考虑化学物质的土壤降解性、去除效率等因素，对上述计算公式予以调整。

（4）沉积物

估算化学物质沉积物预测浓度的方法如下所示。

$$PEC_{沉积物} = \frac{K_{悬浮物-水}}{BD_{沉积物}} \times 1\,000 \times PEC_{水} \quad (5\text{-}34)$$

式中，$PEC_{沉积物}$——沉积物中化学物质的预测环境浓度，mg/kg；

$PEC_{水}$——水环境中化学物质的预测环境浓度，μg/L；

$K_{悬浮物-水}$——悬浮物-水分配系数，m³/m³；

$BD_{沉积物}$——沉积物容重，kg/m^3，默认值为 1 280。

（5）地下水环境

估算化学物质地下水环境预测浓度的方法如下所示。

$$PEC_{地下水} = PEC_{土壤,孔隙水} \quad (5\text{-}35)$$

$$PEC_{local土壤,孔隙水} = \frac{PEC_{土壤} \times BD_{土壤}}{K_{土壤-水} \times 1000} \quad (5\text{-}36)$$

式中，$PEC_{地下水}$——地下水环境中化学物质预测环境浓度，mg/L；

$PEC_{土壤,孔隙水}$——土壤孔隙水中化学物质预测环境浓度，mg/L；

$PEC_{土壤}$——土壤环境中化学物质预测环境浓度，mg/kg；

$BD_{土壤}$——土壤容重，kg/m^3，默认值为 1 500；

$K_{土壤-水}$——土壤-水分配系数，m^3/m^3。

5.4.2.4 环境风险表征

在澳大利亚指南中，采用的是"商值法"进行化学物质的环境风险表征，即通过比较不同环境单元中化学物质的预测环境浓度（PEC）与预测无效应浓度（PNEC），获得化学物质风险表征比率，根据该值的大小来确定化学物质在某种暴露场景下的环境暴露是否会对相应的环境单元造成不合理风险。

需要对所有环境单元分别进行风险表征。对于不同环境单元，如果 PEC/PNEC 大于 1，则表明存在不合理风险；如果 PEC/PNEC 小于等于 1，则表明目前未发现存在不合理风险。

这种表征方式被称作定量环境风险表征，但是在某些情况下（如难以估算环境单元的 PEC 或 PNEC 时）不能进行定量表征，此时就需要开展定性风险表征。

5.5 我国化学物质风险评估

5.5.1 概述

化学物质风险评估能够帮助管理者确定如何以及何时对化学物质实施科学风险管理，从而预防或减少化学物质对环境的危害。纵观各国化学物质管理历程与经验，化学物质风险评估均是各国实施化学物质管理的基础和核心。"十三五"以来，有关加强我国化学物质环境与健康风险评估能力的要求频繁提出，《国家"十三五"生态环境保护规划》要求夯实化学品风险防控基础，开展现有化学品危害筛查和风险评估，加强有毒有害化学品环境与健康风险评估能力建设。《国家"十三五"科技创新规划》要求"加强化学品危害识别、风险评估与管理，全面提升我国化学品环境和健康风险评估及防控技术水平"。2021年11月，《关于深入打好污染防治攻坚战的意见》提出，"加强新污染物治理，实施调查监测和环境风险评估，建立健全有毒有害化学物质环境风险管理制度"。开展化学物质风险评估与管控已成为我国政府乃至全社会的共识和紧迫需求。

5.5.2 我国环境风险评估技术

我国化学物质环境风险评估工作起步较晚，直至2019年，生态环境部与国家卫生健康委才联合发布第一个环境领域的风险评估技术文件——《化学物质环境风险评估技术方法框架性指南（试行）》（以下简称《框架性指南》），《框架性指南》规定了化学物质环境风险评估的基本框架，明确了化学物质环境风险评估的基本要点、技术要求等内容，形成了我国化学物质环境风险评估的逻辑框架。

《框架性指南》采用了国际通用的"四步法"评估模式，针对每个技术环节给出了原则性要求。

（1）危害识别

危害识别分为环境危害识别和健康危害识别两类。环境危害识别是确定化学物质具有的生态毒理特性，明确对不同环境单元（包括水环境、沉积物、陆生环境、大气环境、污水处理系统微生物环境、顶级捕食者等）生物的急性或慢性危害。健康危害识别是通过分析不同类型的健康毒理学数据，识别化学物质对人体健康的急性或慢性危害，重点关注化学物质的致癌性、致突变性、生殖/发育毒性、重复剂量毒性等慢性毒性以及致敏性等。

（2）剂量（浓度）-反应（效应）评估

分为环境危害剂量（浓度）-反应（效应）评估和健康危害的剂量（浓度）-反应（效应）评估。环境危害剂量（浓度）-反应（效应）评估主要是利用生态毒理学数据，针对不同的评估对象（如水环境、土壤环境等），推导预测无效应浓度（PNEC），如$PNEC_{水}$、$PNEC_{沉积物}$、$PNEC_{土壤}$、$PNEC_{微生物}$等。根据生态毒性数据获取程度的不同，通常可采用评估系数法、物种敏感度分布法、相平衡分配法等方法估算PNEC值。健康危害剂量（浓度）-反应（效应）评估方面，根据化学物质毒性作用机制（Mode Of Action，MOA）不同，将健康危害效应评估分为有阈值评估和无阈值评估两类。有阈值评估通常是根据健康毒理学数据质量、充分程度等因素，采用评估系数法估算化学物质对人体无有害效应的安全阈值（如TDI）；无阈值评估通常是针对致突变性和遗传毒性致癌性两类终点，在并不存在一个健康安全剂量的实际情况下，通过设定可接受风险概率（如 10^{-5}、10^{-6}）来计算安全剂量（Virtually Safe Dose，VSD）。当数据不足以支撑开展VSD估算时，采用定性描述方法描述化学物质的健康危害性。

（3）暴露评估

通常分为环境暴露评估和健康暴露评估。环境暴露评估是考虑化学物质生产使用与排放的不同情况，通过环境实测或模型估算来获得不同环境单元（如水环境、沉积物等）中化学物质的预测环境浓度（PEC）。健康暴露评估是基于地表水、地下水、大气和土壤中化学物质的预测环境浓度，估算人体通过经口、经皮和吸入暴露途径，对化学物质每日的总暴露量。

（4）风险表征

在风险表征方面，采用传统的商值法表征方式。通过将评估对象中化学物质的PEC与PNEC进行比较，分别表征化学物质对不同评估对象的环境风险。当无法获得化学物质的PEC或PNEC值时，采用定性方法表征潜在环境风险。健康风险表征方面，通过比较人体总暴露量与安全阈值（如TDI）或安全剂量之间的关系，表征化学物质的健康风险。当无法获得化学物质的人体健康安全阈值或安全剂量时，采用定性方法表征潜在人体健康风险。

《框架性指南》对化学物质环境风险评估技术方法做出了原则性技术要求，但各个环节细化的技术方法尚未明确。为指导和规范新化学物质环境风险评估工作，防控新化学物质环境风险评估，2020年，在《框架性指南》基础上，生态环境部发布了《化学物质环境与健康危害评估技术导则（试行）》《化学物质环境与健康暴露评估技术导则（试行）》《化学物质环境与健康风险表征技术导则（试行）》三项技术文件，对环境风险评估技术方法进行了细化，针对不同环节的技术方法做出了具体要求。

（1）危害评估

在技术方法中，明确了危害评估主要包括数据收集、环境与健康危害识别、环境与健康危害表征三个方面。

在数据收集方面，技术方法规定了危害数据种类和来源，同时对于评估过程中收集的危害数据如何开展筛选和评估，也做出了具体规定，即应按照相关性、可靠性和充分性原则，对所有收集获得的化学物质数据进行筛选评估，确定用于环境与健康危害评估的数据。数据筛选要求包括：

➢ 优先采用按照国家标准测试方法、行业技术标准或等效采用国际标准测试方法（如 ISO 方法、OECD 导则等）所获得的试验数据；

➢ 优先采用遵循 GLP 原则开展测试所获得的试验数据；

➢ 优先采用我国本土生物试验数据；

➢ 当缺少可靠试验数据时，可选用交叉参照方法或（Q）SAR 模型估算获得的数据，但应得到充分论证说明；

➢ 不应选用不具有充分辅助信息能够予以解释说明、数据产生过程与试验准则有冲突或矛盾、试验描述信息缺乏可信度等类型的数据等。

环境与健康危害识别方面，主要包括三方面内容：

➢ 确定关键效应数据。确定关键效应数据时，通常结合毒理学数据情况，选择最具相关性、最敏感的数据作为关键效应数据。

➢ 明确环境与健康危害性，开展危害性分类。在评估技术方法中，明确指出应根据 GB 30000 的规定开展化学物质的危害性分类。

➢ 判别 PBT/vPvB。在评估技术方法中，明确指出应根据 GB/T 24782 开展化学物质持久性、生物累积性分析与 PBT/vPvB 判别。

在环境与健康危害表征方面，环境危害表征是推导化学物质通常不会对环境生物产生不良效应的预测无效应浓度（PNEC）。根据环境评估对象中生物的生态毒理学数据充分程度，合理选择推导环境评估对象 PNEC 的方法（如评估系数法、统计外推法、相平衡分配法等）。

①评估系数法：

$$PNEC_i = ecoTox_i / AF_i \qquad (5-37)$$

式中，$PNEC_i$——不同环境单元的预测无效应浓度，mg/L 或 mg/kg；

i——环境单元，通常包括淡水环境、海水环境、沉积物、土壤、污水处理厂微生物环境等；

ecoTox$_i$——不同环境单元中生物的最低有效效应浓度,包括LC$_{50}$、EC$_{50}$、EC$_{10}$或NOEC等,mg/L或mg/kg;

AF$_i$——不同环境单元的评估系数,量纲一。

②相平衡分配法。当获得的生态毒理学数据不充分,可基于水环境的PNEC值来估算沉积物和/或土壤环境的预测无效应浓度。

沉积物相平衡分配法计算如下:

$$\text{PNEC}_{沉积物} = \frac{K_{\text{susp-water}}}{\text{RHO}_{\text{susp}}} \times \text{PNEC}_{水} \times 1\,000 \quad (5\text{-}38)$$

式中,RHO$_{\text{susp}}$——悬浮物容重,kg/m^3;

$K_{\text{susp-water}}$——悬浮物-水分配系数,m^3/m^3。

土壤相平衡分配法计算如下:

$$\text{PNEC}_{土壤} = \frac{K_{\text{soil-water}}}{\text{RHO}_{\text{soil}}} \times \text{PNEC}_{水} \times 1\,000 \quad (5\text{-}39)$$

式中,RHO$_{\text{soil}}$——土壤容重,kg/m^3;

$K_{\text{soil-water}}$——土壤-水分配系数,m^3/m^3。

健康危害表征是利用危害识别过程确定的不同健康毒理学终点的关键效应数据,估算化学物质长期或短期作用于人体不会产生明显不良效应的剂量水平或概率:

①对于有阈值效应的危害表征:

$$\text{TDI} = \frac{\text{NOAEL}(或\text{LOAEL、BMD})}{\text{UF}} \quad (5\text{-}40)$$

式中,TDI——每日可耐受摄入量,mg/(kg$_{\text{BW}}$·d);

NOAEL——未观察到有害作用剂量,mg/(kg$_{\text{BW}}$·d)(经口、经皮)或 mg/m^3(吸入);

LOAEL——最小观察到有害作用剂量,mg/(kg$_{\text{BW}}$·d)(经口、经皮)或 mg/m^3(吸入);

UF——不确定系数,量纲一。

②对于无阈值效应的危害表征:推荐采用线性外推法,即通过获取的不同暴露途径下试验数据建立剂量(浓度)-反应(效应)关系曲线,根据曲线定量推导产生无阈值危害效应的单位危害强度系数(q_1),并在给定的可接受风险概率下计

算化学物质的虚拟安全剂量（VSD）。

$$q_1(人) = q_1(动物) \times \left(\frac{BW(动物)}{BW(人)}\right)^{\frac{1}{4}} \qquad (5-41)$$

$$VSD = \frac{可接受风险概率}{q_1(人)} \qquad (5-42)$$

式中，q_1（人）——人体单位危害强度系数，mg/（$kg_{BW}·d$）；

q_1（动物）——试验动物危害强度系数，mg/（$kg_{BW}·d$）；

BW（人）——人体体重，kg；

BW（动物）——试验动物体重，kg；

VSD——无阈值效应化学物质的虚拟安全剂量，mg/（$kg_{BW}·d$）。

（2）暴露评估

在评估技术方法中，暴露评估包括环境暴露评估和健康暴露评估，环境暴露评估主要估算化学物质在地表水、沉积物、大气、土壤、STP 微生物环境、捕食动物中的预测环境浓度（PEC），健康暴露评估主要估算化学物质经由环境对一般人群通过吸入、摄食和饮水途径形成的日均暴露剂量（Average Daily Doses，ADD）。

化学物质暴露评估程序主要包括信息收集、暴露场景构建、环境排放估算、环境与健康暴露评估等步骤。

①信息收集。评估技术方法中，综合考虑评估目的、评估对象、空间与时间尺度等因素，提出用于支撑开展暴露评估的信息收集要求。信息收集的内容包括（但不限于）：

ⅰ. 化学物质信息，如固有属性信息；涉及的行业领域、生命周期阶段、用途等。

ⅱ. 排放参数，如排放源信息、排放时间、排放介质、污染控制措施等。

ⅲ. 环境暴露参数，如受纳水体、气象、土壤理化特性等。

ⅳ. 健康暴露参数，如暴露人群、暴露途径、人体暴露参数等。

②暴露场景构建。在评估技术方法中，要求识别所有环境排放源并构建排放场景，明确化学物质的环境排放去向和受纳环境介质。同时，在排放场景基础上结合化学物质特性参数和环境参数等构建环境暴露场景，进而在环境暴露场景基础上，结合人体暴露参数和暴露途径等构建健康暴露场景。

环境暴露评估通常基于"合理的最坏情形假设"进行暴露场景构建。在环境暴露场景的基础上，考虑吸入大气、饮用地表水或地下水和摄食等通过环境间接暴露于人体的途径（必要时考虑儿童摄取土壤暴露）构建健康暴露场景，开展健康暴露评估。

③环境排放估算。通过构建的暴露场景，估算每个场景向环境介质（水、大气、土壤）的环境排放率。

工业源排放估算的基本公式如下：

$$E_{\text{env,L}} = \frac{Q_{\text{chemical}} \times F_{\text{main}} \times F_{\text{emission}} \times (1-F_{\text{abatement}})}{T_{\text{emission}}} \quad (5-43)$$

式中，E——局部尺度向环境介质（水、大气、土壤）的日排放率，kg/d；

Q_{chemical}——某排放场景涉及的化学物质的全国年生产量或使用量，kg/a；

F_{main}——主要排放源的占比，量纲一；

F_{emission}——排放系数，量纲一；

$F_{\text{abatement}}$——企业自有污染控制措施对拟评估化学物质的减排效率，量纲一；

T_{emission}——年排放时间，d/a。

消费使用源排放估算的基本公式如下：

$$E_{\text{water,L}} = \frac{Q_{\text{chemical}} \times F_{\text{reg}} \times F_{\text{local}} \times F_{\text{var}} \times F_{\text{emission}} \times (1-F_{\text{directwater}})}{T_{\text{emission}}} \quad (5-44)$$

$$E_{\text{directwater,L}} = \frac{Q_{\text{chemical}} \times F_{\text{reg}} \times F_{\text{local}} \times F_{\text{var}} \times F_{\text{emission}} \times F_{\text{directwater}}}{T_{\text{emission}}} \quad (5-45)$$

式中，E——局部尺度排入集中式 STP 处理部分的废水年均日排放率，或废水直接排放部分的地表水年均日排放率，kg/d；

Q_{chemical}——某排放场景涉及的化学物质的全国年使用量，F_{reg} 为区域使用量占全国的比例，kg/a；

F_{local}——集中式 STP 服务区域用量占区域用量的比例，量纲一；

F_{var}——空间和时间的变异因子，量纲一；

F_{emission}——排放系数，量纲一；

$F_{\text{directwater}}$——废水直排地表水比例，量纲一；

T_{emission}——年排放时间，d/a。

固体废物利用处置源排放估算的基本公式如下：

$$E_{\text{env,L}} = \frac{Q_{\text{chemical}} \times f_{\text{waste}} \times F_{\text{main}} \times F_{\text{emission}} \times (1 - F_{\text{abatement}})}{T_{\text{emission}}} \quad (5\text{-}46)$$

式中，E——局部尺度固体废物利用处置源向环境介质（水、大气、土壤）的日排放率，kg/d；

Q_{chemical}——某排放场景涉及的化学物质的全国年生产量或使用量，kg/a；

f_{waste}——某排放场景下进入固体废物的化学物质的比例，量纲一；

F_{main}——主要排放源的占比，量纲一；

F_{emission}——排放系数，量纲一；

$F_{\text{abatement}}$——企业自有污染控制措施对拟评估化学物质的减排效率，量纲一；

T_{emission}——年排放时间，d/a。

④环境与健康暴露评估。环境暴露评估的关键是确定化学物质在各环境介质中的预测环境浓度（PEC）。在评估技术方法中，借鉴了欧盟的环境浓度估算方法，但是对于估算方法中的相关参数，结合我国具体情况进行了调整与修正。

在我国环境风险评估技术方法中，健康暴露评估主要评估人体通过环境介质的间接暴露情况，包括吸入、饮水、摄食途径。健康暴露评估的估算方法，基本采用了《环境污染物人群暴露评估技术指南》（HJ 875—2017）中的技术方法，分别来估算吸入和经口（包括饮水、摄食、土壤摄入）途径的日均暴露剂量。

（3）风险表征

我国环境风险评估技术方法中，主要规定了化学物质环境风险表征和经环境间接暴露导致的健康风险表征方面的技术要求。

环境与健康风险表征的技术程序包括整合危害暴露信息、计算风险表征比率、开展不确定性分析和得出风险评估结论。在评估技术方法中规定，环境与健康风险表征应涵盖化学物质生命周期的所有阶段、用途，针对具体暴露场景，对不同空间尺度、暴露途径、毒性终点和不同环境评估对象的风险进行表征。

环境风险表征方法采用了风险商值法，通过计算风险表征比率（RCR），来确定是否存在风险。环境风险表征方面：

$$\text{RCR}_{\text{env}} = \frac{\text{PEC}}{\text{PNEC}} \quad (5\text{-}47)$$

式中，RCR_{env}——环境风险表征比率，量纲一；

PEC——预测环境浓度，mg/L 或 mg/kg；

$PNEC$——预测无效应浓度，mg/L 或 mg/kg。

如果 $RCR_{env} \leq 1$，表明未发现化学物质存在不合理环境风险。如果 $RCR_{env} > 1$，表明化学物质存在不合理环境风险。

有阈值效应的健康风险表征方面：

$$RCR_{theshold} = \frac{ADD}{TDI} \qquad (5\text{-}48)$$

式中，$RCR_{threshold}$——有阈值健康危害效应健康风险表征比率，量纲一；

ADD——化学物质日均暴露剂量，mg/(kg·d)；

TDI——化学物质每日可耐受摄入量，mg/(kg·d)。

如果 $RCR_{threshold} < 1$，表明未发现存在不合理健康风险。如果 $RCR_{threshold} \geq 1$，表明存在不合理健康风险。

无阈值效应的健康风险表征方面：

$$RCR_{non\text{-}threshold} = \frac{ADD}{VSD} \qquad (5\text{-}49)$$

式中，$RCR_{non\text{-}threshold}$——无阈值健康危害效应的健康风险表征比率，量纲一；

ADD——化学物质的日均暴露剂量，mg/(kg·d)；

VSD——虚拟安全剂量，mg/(kg·d)。

如果 $RCR_{non\text{-}threshold} < 1$，表明健康风险控制在可接受风险概率水平，未发现存在不合理健康风险；如果 $RCR_{non\text{-}threshold} \geq 1$，表明健康风险尚未控制到可接受风险概率水平，存在不合理健康风险。

第 6 章 化学物质风险预测技术

我国是化学工业大国，化学物质的环境释放是对生态环境安全的重大挑战。当有毒有害物质排放到环境中，可能对生态环境和人体健康带来长期性和隐蔽性的不利影响。因此，从源头上快速识别和筛查出有毒有害物质并加以管控是亟待解决的问题之一。然而，数据缺失使得这些工作举步维艰。借助计算预测模型工具开展化学物质环境风险评估与管理，可以弥补化学物质数据缺失的短板，从数以亿计的化学物质中，快速高效找到具有环境风险的有毒有害物质，表征其可能导致的环境风险，从源头避免污染的产生。风险预测技术已逐渐成为欧美等发达国家（地区）实现化学品环境风险管理目标的关键技术，但该项技术的应用在我国仍处于起步阶段。

6.1 发达国家（地区）化学物质风险预测技术管理要求与机构

6.1.1 美国风险预测技术管理要求与机构

6.1.1.1 管理政策

根据 TSCA 法，为了应对试验数据缺乏的问题，EPA 在实践过程中将目光投向了新兴的计算预测技术，即采用（Q）SAR 模型来预测数据，然后使用预测数据来辅助开展这些物质的危害/风险评估。因此，在 TSCA 法中，虽没有明文规定 EPA 可以使用计算预测技术，但在法案实践过程中，EPA 实际使用了计算预测技术来辅助进行化学品管理。

2016 年，美国修订了 TSCA 法，并发布实施 TSCA 修正案。在第三部分"化学物质和混合物测试"中，增加了 h 节"减少脊椎动物测试"部分，该节规定"在决定进行脊椎动物测试前应充分考虑现有可获取的信息，如毒性信息、计算毒理学和生物信息学信息、高通量筛选方法和预测模型等"。还要求采用替代测试方法，要求EPA"在2016年6月22日后的2年内,发布促进替代测试方法发展和实施的策略计划,用于减少、精炼、替代脊椎动物测试,并为化学物质或混合物健康和环境风险评估提供同等质量或更好的数据信息。替代测试方法包括:计算毒理学和生物信息学;高通量筛选方法;测试化学物质类别;层级测试方法;体外测试方法;系统生物学;经权威机构验证的新或修订的方法等"。因此,新法案正式通过法律条文的形式确认了EPA可以使用计算预测技术来辅助进行化学品管理。

6.1.1.2 研究规划与计划

(1) EPA制定计算毒理学研究规划

2002年,美国国会给EPA拨款400万美元用于提出面向未来化学品管理的战略技术。例如,发展、研究、验证非动物测试技术,包括高通量、QSAR等。为了执行国会的指令,EPA研究与发展办公室(Office of Research and Development,ORD)于2003年发布了"计算毒理学研究规划框架",全面落实了EPA计算毒理学发展的方向及发展规划。该报告提出的计算毒理学研究规划目的包括三个方面:一是提升源-结局路途的关联性;二是提供危害识别的预测模型;三是促进定量风险评估。

为了实现第一个目的,即提升源-结局路途的关联性,需要开展以下的研究:①发展化学品环境转化和代谢模型(化学品归趋模型和代谢模型);②化学品暴露模型;③剂量模型;④表征毒性通路;⑤代谢组学;⑥系统生物学;⑦模型框架和不确定性分析。第二个目的,即提供危害识别的预测模型,需要开展以下的研究:①(Q)SAR和其他计算模拟方法;②污染预防策略;③高通量筛选。第三个目的,即促进定量风险评估,需要开展以下的研究:①在定量风险评估上应用计算毒理学技术;②剂量-效应评估;③物种外推技术;④混合物风险评估技术。

2004年,ORD发起成立了跨局内多部门的计算毒理学实施指导委员会(the Computational Toxicology Implementation Steering Committee,CTISC),该委员会的职责是监督和资助ORD的相关项目。2004年10月,EPA科学咨询委员会顾问和ORD副主任Paul Gilman博士宣布成立国家计算毒理学研究中心(National Center for Computational Toxicology,NCCT),并于2005年2月正式运行。NCCT很快成为ORD中实施计算毒理学研究规划的核心。

同时,NCCT还与ORD内其他实验室或中心形成了重要的伙伴关系,如与国家健康和环境影响研究实验室（National Health & Environmental Effects Research Laboratory，NHEERL）、国家暴露研究实验室（National Exposure Research Laboratory，NERL）、国家风险管理研究实验室、国家环境评估中心、国家环境研究中心等建立了伙伴关系。

此外，ORD 还组织发起了科学顾问委员会（Board of Scientific Counselors，BOSC），该委员会的职责是对国家计算毒理学研究中心和计算毒理学研究规划进行指导和建议。2005 年 4 月，BOSC 召开了第一次会议，会议评估了国家计算毒理学研究中心组织情况、初始的实施计划及初始研究工作进展。委员会对国家计算毒理学研究中心雇员组成、人员远期招聘计划、建立工作伙伴关系的计划、中心的战略计划等进行了肯定。同时也提出了两点建议：一是提出一份正式的实施计划；二是在 EPA 内部发展社区参与机制（communities of practices，CoPs），为 EPA 内对计算毒理学有兴趣的科学家提供交流平台。随后，建立了两个 CoPs 交流平台。

2006 年 4 月，根据 BOSC 的建议，ORD 发布了"2006—2008 年计算毒理学研究规划实施计划"，以阐述 EPA 2006—2008 年的计算毒理学发展思路及实施举措。在该计划中，初始的三个目的被转化成三个长期目标（long-term goals）：一是风险评估人员使用改进的方法和工具，更好地理解和描述源-结局路途的关联性；二是 EPA 使用改进的危害表征工具来设定优先级和筛选开展毒性评估的化学物质；三是 EPA 评估人员和管理人员使用基于最新科学的新建和改进的方法和模型来促进剂量-效应评估和定量风险评估。

三个长期目标对应五个研究任务：一是为高级的生物学模型提供数据；二是发展和使用信息技术；三是优先级设定方法发展和应用；四是为剂量、生命阶段、物种外推提供工具和系统模型；五是使用先进的计算毒理学方法促进累积风险预测。

该计划主要通过三种机制开展计算毒理学研究：一是通过成立于 2005 年的 NCCT 开展研究。NCCT 涉及的项目包括：发展化学物质毒性信息数据（information databases for chemical toxicity，DSSTox）、集成计算毒理学资源数据库（The Aggregated Computational Toxicology Resource，ACToR）、构建面向优先化学物质毒性评估的工具箱（如 ToxCast）、为暴露和效应评估提供预测模型、发展生物体多尺度预测模型等；与国家环境健康科学研究所（National Institute of

Environmental Health Sciences，NIEHS）和国家人类基因组研究所（National Human Genome Research Institute，NHGRI）共同实施 21 世纪毒理试验（Toxicology Testing in the 21st Century，Tox21）研究项目。二是 ORD 在 2005 年启动了 7 个项目，包括：使用组学技术研究物质对鱼的内分泌干扰效应；甲状腺毒性的两栖动物形变模型；颗粒物对肺细胞毒性效应预测模型；引发儿童哮喘的因子研究；化学物质代谢预测等。三是 ORD 下国家环境研究中心发起了科学取得成果（Science to Achieve Results，STAR）项目。2004 年，STAR 项目资助了 2 个项目，即鱼和雌鼠下丘脑-垂体-性腺轴毒性效应的预测模型；2005 年，STAR 项目资助成立了两个环境生物信息学研究中心，即北卡罗来纳大学环境生物信息学研究中心、新泽西医科齿科大学环境生物信息学和计算毒理学研究中心。

经过几年的发展，美国计算预测领域研究取得了大量的研究成果，为 EPA 化学物质危害识别和优先级设定做出了巨大贡献。2009 年，EPA 在总结前阶段成就的基础上，发布了"2009—2012 年计算毒理学研究规划实施计划"。该计划与前期计划的区别在于，计算毒理学研究的宗旨从主要聚焦于危害识别和化学物质优先级设定，转变到为化学物质筛选、暴露、危害、风险评估提供高通量决策支持工具。也就是说在该计划中，研究的长期目标聚焦于为化学物质筛选、暴露、危害、风险评估提供高通量决策支持工具。这种转变越来越强调用于支撑定量风险评估的模型使用基于高通量测试产生的数据及发展综合的高通量暴露预测模型。为了实现这一目标，在制订计划及实施计划过程中，NCCT 与 NHEERL、NERL、国家风险管理研究实验室、国家环境评估中心、国家环境研究中心等进行了大量沟通、协调、讨论。

"2009—2012 年计算毒理学研究规划实施计划"开展的研究包括毒性参考数据库（digitizing legacy toxicity testing information Toxicity Reference Database，ToxRefDB）、ChemModel 模型（Application of Molecular Modeling to Assessing Chemical Toxicity，ChemModel）、预测毒理 ToxCast™项目和暴露 ExpoCast™项目（predicting toxicity（ToxCast™）and exposure（ExpoCast™））、虚拟组织项目如虚拟肝和虚拟胚胎系统模型（creating virtual liver（v-Liver™）and virtual embryo（v-Embryo™）systems models）、不确定性分析项目。所有项目遵循质量保证程序，并定期接受同行评议。项目产生的模型和数据将通过集成计算毒理学资源数据库（Aggregated Computational Toxicology Resource，ACToR）、化学物质毒

性信息数据（information databases for chemical toxicity，IDCT）及其他 EPA 网站获取。

EPA 计算毒理学研究可概括为四个层次：信息学建设（主要是数据库及检索平台）、化学品暴露预测模型软件及数据库建设、化学品生物效应和筛选模型软件及数据库建设、多尺度生物效应预测模型工具（目前主要研究虚拟组织）。

为了实施计算毒理学研究规划，美国对该计划进行了持续投入。例如，2009 年，经费约为 1 500 万美元，人员 32 名。其中，大约 50%的资源分配给计算毒理学研究中心，25%给 STAR 研究中心，其他的给国家健康和环境影响研究实验室、国家暴露研究实验室。

（2）EPA 制订内分泌干扰物筛选计划

1996 年，美国国会通过《联邦食品、药品和化妆品法案》和《安全饮用水法》修正案，要求 EPA 建立有效的测试体系和筛选程序，用于检测和筛选农药和饮用水水源中潜在的内分泌干扰物（EDCs）。据此，EPA 于 1996 年成立了"环境内分泌干扰物筛选和检测顾问委员会"（The Endocrine Disruptor Screening and Testing Advisory Committee，EDSTAC）。EDSTAC 的成员主要来自 EPA 及其他联邦当局、各州相关部门、工业界代表、环境团体、公共健康团体和学术界专家等。

EDSTAC 于 1998 年提交了研究报告。内分泌干扰物筛选策略的核心思想是先使用已有化学品理化信息、环境迁移转化信息、毒理学信息或基于计算毒理学模型预测的相关信息对化学品进行初始排序，然后采用高通量的体外试验（in vitro）和简单且机理明确的体内试验（in vivo）对潜在作用靶标或通路进行验证，最后采用复杂的 in vivo 测定危害效应。EDSTAC 建议可使用激素受体结合效应预测模型等（Q）SAR 模型辅助进行初始排序，为筛选优先测试物质服务。

实践证明，EPA 内分泌干扰物筛选计划现有层级 I 的测试方法通量低（50~100 物质/a）、成本高（100 万美元/物质），导致很难按现有测试体系对大量化学物质进行一一测试。因此，EPA 于 2012 年提出了"21 世纪的内分泌干扰物筛选计划"（Endocrine Disruptor Screening Program in the 21st Century，EDSP21）。EDSP21 主要依赖高通量体外测试技术、计算毒理学技术和其他最新的科学技术进行潜在 EDCs 筛选。目前，EPA 已开发雌激素受体模型来替代雌激素受体结合试验、雌激素受体转录激活试验、子宫增重试验，其他模型也正在开发中。

(3) EPA 实施化学品毒性评估战略计划

EPA 科学顾问办公室科学政策委员会下设立了未来毒性测试工作组（Future of Toxicity Testing Workgroup，FTTW），专门研究如何在化学品管理中实现美国国家研究委员会"21 世纪的毒性实验：理念和远景"报告中提出的建议。FTTW 于 2009 年发布了《EPA 化学品毒性评估战略计划》，该计划用于指导 EPA 如何在毒理学测试和风险评估中集成新的范式和新的工具，即从传统的风险评估过程（危害识别、剂量-效应、暴露评估、风险表征），向基于毒性通路的过程转变（源-归趋-转化-暴露-危害）。该计划涉及三个方面的内容：化学品筛选和优先级设定（chemical screening and prioritization）、基于毒性通路的风险评估（toxicity pathway-based risk assessment）和制度改革（institutional transition）。在这些内容中提出需要集成计算毒理学预测技术辅助进行化学品管理。

(4) EPA 制订可持续的化学品安全研究计划

EPA 可持续的化学品安全研究（Chemical Safety for Sustainability，CSS）计划的目的是领导发展创新的科学技术用于安全和可持续的选择、设计、使用化学品和新兴材料，以达到保护生态环境、物种及人群健康的目标。最终目标是使 EPA 能够应对现有化学品、新化学品、新型材料（如纳米材料）等的影响，同时能够评估化学品与生物系统复杂的相互作用，进而支撑 EPA 的管理决策。为此，CSS 计划在各阶段分别制定了优先研究领域，计算毒理学预测技术是各阶段的重要研究内容。

①EPA 2012—2016 年 CSS 计划优先研究领域。EPA 于 2012 年 6 月发布了《可持续的化学品安全：战略研究行动计划 2012—2016》。该计划是由 ORD 及系统内其他科学部门共同完成，展望了 EPA 在 2012—2016 年 CSS 计划的主要研究领域。CSS 计划主要包括三个方面的目标：

目标 1：发展科学知识、工具和模型用于综合的、及时的和有效的化学品评估策略；

目标 2：改进评估方法，促进化学品安全和可持续管理；

目标 3：提供解决方案。

CSS 计划主要包括 8 个研究主题：固有属性（Inherency）、系统模型（Systems Models）、生物标志物（Biomarkers）、累积风险（Cumulative Risk）、生命周期（Life Cycle Considerations）、外推技术（Extrapolation）、Dashboards（信息平台）、评估

（Evaluation）。

② EPA 2016—2019 年 CSS 计划优先研究领域。EPA 于 2015 年 11 月发布了《可持续的化学品安全：战略研究行动计划 2016—2019》，计划主要有 4 个目标：

目标 1：构建知识共享机制（Build Knowledge Infrastructure）。

使公众易于获取相关信息。通过新方法集成数据，利于表征化学品对人群健康和环境的影响。

目标 2：发展化学品评估工具（Develop Tools for Chemical Evaluation）。

发展和应用高效的化学品安全评价方法。

目标 3：促进理解复杂的生物系统（Promote Complex Systems Understanding）。

目标 4：知识转化和积极传播（Translate and Actively Deliver）。

展示 CSS 科学研究成果和预测工具的应用。

计划主要包括 4 个领域：化学品评估技术（Chemical Evaluation）、生命周期分析（Life-Cycle Analytics）、系统科学技术（Complex Systems Science）、知识的转化与传播技术（Solutions-Based Translation and Knowledge Delivery）。

6.1.1.3 管理机构

EPA NCCT 成立于 2004 年 10 月，2005 年 2 月正式运行。其成立的背景是 EPA 需要评估美国境内市场上生产和使用的化学品（约 8.6 万种）和新化学品（约数百种）的安全性，但是 86%的化学品缺乏相关数据。由于化学品测试成本高、耗时长，目前仅对一小部分化学品进行潜在人体健康和生态危害效应测试。为了扭转这种不利局面，EPA 一直在寻找解决途径。经过十多年（1989—2002 年）比较研究和探讨，EPA 一致认为满足特定条件的计算毒理学技术可以用于化学品环境管理。2003 年，EPA 研究和发展办公室制定并发布了《计算毒理学研究计划框架》，提出了 EPA 实施计算毒理学研究计划的基本构想，提出计算毒理学研究计划的目标是，提升源-结局路途的关联性、提供危害识别的预测模型和促进定量风险评估。为了加强面向化学品管理的计算毒理学技术发展和应用及组织实施国家计算毒理学发展计划，EPA 专门成立了 NCCT。

NCCT 旨在通过集成现代计算机技术、信息学及生物信息学等技术向化学品管理部门提供高通量决策支持工具。NCCT 的组织结构一直在变化，成立之初中心包含行政办公室、系统模拟部、计算化学部和生物信息学部四个部门；2009 年 NCCT 包含行政办公室、优先化学品部、系统模拟部和生物信息学部四个部门。

目前，NCCT组织结构调整为主任办公室、计算部和实验部，有工作人员20余名，人员专业背景涉及化学、毒理学、生物信息学、生态学、统计学、计算系统生物学、物理学、发育系统生物学等。

NCCT是EPA中实施计算毒理学研究规划的核心单位，承担了大量计算毒理学研究项目。同时NCCT还与EPA研究与发展办公室内其他实验室或中心形成了重要的伙伴关系，共同承担了合作项目研究。NCCT涉及的研究包括：信息学建设方面，负责集成ACToR等数据库建设；化学品暴露预测模型软件方面，负责高通量暴露预测项目ExpoCast项目；化学品生物效应及筛选模型软件方面，负责ToxCastTM项目；多尺度生物效应预测模型工具方面，负责虚拟胚胎（v-Embyo™）模型、虚拟甲状腺模型等。

6.1.2 欧盟风险预测技术管理要求与机构

6.1.2.1 管理政策

为了更好地保护人群健康和环境安全，进一步提升欧盟化学品工业的综合实力，欧盟委员会于2001年1月发布了《未来化学品政策战略白皮书》。该白皮书系统总结了当时实施的化学物质管理系统、可提升化学物质安全性的化学物质管理新策略、如何提升欧盟化学品工业综合实力的举措等方面，提出了REACH法规构建设想，达成7个目标，其中一项是促进非动物测试技术发展与验证，并应用于化学品管理。2006年REACH法规正式发布，并于2007年生效。

REACH法规第13条规定"如果满足附件十一的条件，物质的固有属性可用非测试方法产生，特别是通过使用（Q）SAR模型、分类、Read-across方法获取"。REACH法规附件十一的1.3小节规定了可用（Q）SAR模型预测结果替代测试结果的条件：①（Q）SAR模型的科学有效性已经得到证实；②所预测的物质在（Q）SAR模型的应用域之内；③所预测的结果足够用于化学品分类、标记和风险评价的目的；④提供了足够和可靠的记录，来描述所使用的方法。1.5小节规定了可用分类或Read-across方法填补数据缺失。此外，在REACH法规附件十二中还提到"在采用本附件所列方法测试物质新的属性之前，应首先评估所用可获取的体外测试数据、体内测试数据、人群历史数据、从经过验证的（Q）SARs模型预测的数据、从结构类似物预测的数据（Read-across方法预测数据）"。

2009 年生效的新欧盟化妆品指令 [REGULATION (EC) No 1223/2009] 第 18 条"动物测试"中，采用替代方法（如 in vitro 和 in silico 方法）取代基于动物的试验。

6.1.2.2 研究规划与计划

REACH 法规不仅要求对进入市场的新化学物质开展安全评估，而且要求 1981 年前进入市场的既有化学品也要开展安全评估。采用传统的毒性测试技术获取所有这些物质的信息不现实。因此，REACH 法规的实施，驱动了集成测试策略（Integrated Test Strategy，ITS）的研发，即使用和集成现有信息，及应用替代方法来减少试验动物用量。此外，欧盟化妆品指令（Directive 76/768/EEC）第七修正案，要求完全采用替代方法取代基于动物的试验。该修正案提出的进度安排是，到 2009 年 3 月，禁止在欧盟境内开展化妆品相关所有毒性指标的动物测试，同时对进入欧盟市场的化妆品，除生殖毒性、毒代动力学、重复剂量毒性（含致癌性和皮肤致敏性）效应指标以外，也禁止采用动物试验获取毒性数据；2013 年 3 月，将完全禁止开展化妆品相关的所有动物毒性测试。因此，该法规进一步推动了欧盟研发 ITS 方法。欧洲替代方法验证中心（European Centre for the Validation of Alternative Methods，ECVAM）隶属欧洲委员会联合研究中心，其目标是提供科学、管理上可接受的替代方法。1991 年，该中心组织召开了研讨会，专门讨论了非测试数据相关议题：一是研究 ITS 的作用和需要在不同工业部门验证 ITS；二是需要在不同工业部门间达成一致的 ITS 定义；三是如何及怎样在 ITS 中体现动物试验的"3R"（减少、优化、替代）原则；四是提出 ITS 验证原则。ITS 包括 in Chemico 技术（快速测定化学品与生物大分子的反应性）、优化的 in vivo 测试技术、in Vitro 测试技术、in Silico [定量构效关系（QSAR）和类推（Read-Across）等] 技术、暴露评估技术等。为了进行 ITS 研究，欧盟设立了相关项目，如第六框架项目"基于非实验测试技术和测试信息来研究工业化学品风险评价的优化策略（OSIRIS）"。

6.1.2.3 管理机构

ECHA 是欧盟负责实施 REACH 法规的技术支持机构。近年来，ECHA 围绕（Q）SAR 技术的开发和应用，开展了大量的研究工作。主要涉及三个方面：一是（Q）SAR 模型的报告格式、验证与评估方法；二是化学品分类技术；三是理化性质、环境行为或毒理参数的类比（Analogue 或 Read-Across）技术，涉及（Q）SAR

技术在不同目标层面上的应用。

欧盟联合研究中心（European commission's Joint Research Centre，JRC）的研究小组已开发了一些免费、灵活、用户友好的软件和数据库，如 EINECS、Toxtree、DART、QPRF、QMRFs 和 Toxmatch 等。此外，其下属的欧洲替代方法验证中心（European Centre for the Validation of Alternative Methods，ECVAM）的主要职责是组织、资助（Q）SAR 方法的验证工作。

6.1.3 经济合作与发展组织（OECD）

6.1.3.1 管理政策

在 2002 年 3 月召开的"基于（Q）SARs 的人体健康和生态环境终点监管验证"的研讨会上，提出了面向化学品管理的预测模型需满足特定要求。会议提出让 OECD 负责提出模型评估要求。同年 11 月，在第 34 次 OECD 化学品委员会的联合会议及 OECD 化学品、农药、生物技术工作组会议上，举行了针对（Q）SARs 的专门讨论。与会专家指出，（Q）SARs 需具有透明的建模过程、明确的应用域评估和验证程序。OECD 成员国一致同意基于这些原则开发国际可接受的预测模型评估标准/指标，以及评估现有（Q）SARs 模型的程序。2003 年年初，OECD 成立了专门的（Q）SARs 专家组负责实施相关工作。经过广泛讨论，OECD（Q）SARs 专家组在"塞图巴尔"准则的基础上，于 2004 年提出了管理上可接受的（Q）SARs 需满足的标准，即 OECD（Q）SARs 验证原则：具有明确定义的环境指标；具有清晰和明确的数学算法；定义了模型的应用域；模型具有适当的拟合度、稳健性和预测能力；最好能够进行机理解释。

2007 年，OECD 发布了（Q）SARs 模型验证导则文件，详细说明了上述 5 条原则。只有符合该导则的（Q）SARs 模型才用于化学品的监管、进行暴露和效应评价参数的预测、筛选优先污染物进行试验测试等。每条原则简介如下所述。

（1）模型预测的环境指标

选择环境指标是构建预测模型的重要前提，与化学品管理相关的环境指标是指化学品理化属性、环境行为、生态/健康毒理学参数。（Q）SAR 模型的性能通常与数据质量密切相关，应尽量采用在相同试验方法及条件下获取的数据建立（Q）SAR 模型。因此，在收集整理数据时需要注意数据是否具有相同的试验方法及 pH、温度、物种等条件。例如，Shen 等报道了美国食品和药物管理局

（Food and Drug Administration，FDA）开发的雌激素活性数据库（Estrogenic activity database，EADB）。根据试验方法、物种等方面的差异，该数据库雌激素效应数据采用了 29 个指标来表征。因此，在报道（Q）SAR 模型时应详细说明模型涉及的环境指标信息。

（2）具有清晰和明确的数学算法

预测模型的目标是确立环境指标与化合物结构参数之间的关联。数学算法是建立该关联的手段。用于辅助化学品管理的（Q）SAR 模型，最好使用简单、透明的数学算法进行构建。采用简单、透明算法构建的模型有利于进行机理解释，便于不同研究和管理人员之间的交互使用，并且允许使用者查看和理解环境指标被预测的全过程。

研究表明，不同方法的透明度依次为多元回归分析（Multiple Linear Regression，MLR）＞主成分和偏最小二乘回归分析［（Principal Component Analysis & Partial Least Squares，PCA&PLS）＞人工神经网络（Artificial Neural Networks，ANN）＞遗传算法（Genetic Algorithm，GA）］。

（3）定义模型的应用域

由于化合物种类及结构代表性方面的局限，任何模型都具有各自的适用范围。因此，在报道构建的（Q）SAR 模型时，还应当定义模型适用范围，即应用域（Application domain，AD）。AD 的定义方法主要有：

①描述符域。基于训练集化合物描述符定义的一种应用域。定义方法包括基于范围、距离及概率密度等。其中，基于范围的方法是考虑训练集化合物单个描述符的范围。基于距离的方法，其原理是通过计算某一化合物与训练集化合物描述符空间内指定点之间的距离来表征 AD。基于距离的方法一般包括：杠杆距离、欧几里得距离、城市街区距离、马氏距离等。

②结构域。考虑训练集和验证集化合物之间的结构相似性，得到结构域。结构域是基于分子相似性概念而提出的一种 AD 表征方法。对于预测来讲，与训练集化合物分子相似性高的化合物会比相似性低的化合物得到更准确的预测结果。

③机理域。需要预测的化合物分子结构描述符包含于模型训练集描述符空间内，并且其分子结构与训练集化合物的结构相似，这两个条件是判断化合物是否处于模型应用域之内的必要条件。然而仅满足这两个条件还不能确保预测结果的可靠性和正确性，需要进一步引入机理域的概念，即验证集或待测化合物的化学

反应途径或毒性作用机制应与训练集化合物的一致。机理域的定义通常需要表征分子的亚结构，并认为分子结构类似的化合物具有类似的反应途径或毒性作用机制。机理域是保证模型预测准确度和精确度的最严格标准。

④代谢域。如果化合物在致毒过程中发生了代谢转化，则还应从代谢的角度定义代谢域。

如果分别从上述四个方面来逐步定义模型的 AD，就可以得到最保守的 AD。具体步骤为：第一步识别化合物是否落在模型的描述符范围内；第二步确定待考察化合物和模型训练集化合物之间的结构相似性；第三步通过评估化合物是否包括能引起效应的特定反应基团，进行机制检测；最后一步是代谢检测。该方法可增加预测化合物是否在 AD 内的可靠性，但能被可靠预测的化合物的数目将会减少。还需要指出的是，尽管明确的 AD 可以帮助模型使用者评价模型预测的可靠性，但不能认为所有在 AD 内的预测都是可靠的。

（4）模型的拟合优度、稳健性和预测能力表征

在（Q）SAR 模型构建过程中，通常将数据集拆分为训练集和验证集。训练集用于构建模型，而使用验证集评估模型的预测能力。模型构建后，需对其进行内部验证（拟合优度和稳健性评估）和外部验证。

（5）最好能够进行机理解释

当对（Q）SAR 模型的解释与现有的理论和机理一致时，就可以增强模型预测值的可信度。基于机理分析的方法来构建（Q）SAR 模型，可提高模型的机理解释性。该方法的核心首先是采用结构分析、分子模拟等手段剖析环境行为、毒理效应的内在机理，而后选取可以明确表征这些机制的分子结构参数，再采用简单、透明的数学算法来构建（Q）SAR 模型。在这种情况下，所建模型一般具有简明的表达式、较好的拟合优度、稳健性和预测能力，且有利于进行模型机理解释。

6.1.3.2 研究规划与计划

OECD（Q）SAR 项目主要围绕化学品的安全性问题，开展了（Q）SAR 技术的应用研究。2004 年，为规范（Q）SAR 技术的应用，OECD 提出了（Q）SAR 模型验证准则，并于 2007 年发布了（Q）SAR 模型验证的导则。此外，2004 年，OECD 成员国认识到，为了促进管理使用和应用（Q）SAR，需要开发相应的（Q）SAR 工具包来进行支撑。基于此，OECD（Q）SAR 项目的重点转移至开发 OECD

(Q) SAR Toolbox。第一版的（Q）SAR Toolbox 于 2008 年 3 月发布，截至 2017 年 6 月 2 日是（Q）SAR Toolbox 4.0 版。

OECD 内分泌干扰物测试与评估顾问组于 2002 年提出了 EDCs 的测试和评估框架，以指导各成员国筛查 EDCs。随着越来越多 EDCs 测试导则的发布，OECD 内分泌干扰物测试评估专家组于 2012 年对 EDCs 的测试和评估框架进行了修订。具体而言，框架包含 5 个层级，即化学品现有信息和采用非测试方法获取的信息（一级）、采用体外测试获取特定靶标或通路毒性效应数据（二级）、采用体内试验获取特定靶标或通路毒性效应数据（三级）、采用体内测试获取激素效应相关的危害数据（四级）、采用体内测试获取更广泛的激素效应相关的危害数据（五级）。其核心思想是充分利用已有化学品理化信息、环境迁移转化信息、毒理学信息或基于计算毒理学模型预测的相关信息对化学品进行优先级设定；然后采用体外试验和简单且机理明确的体内试验对潜在作用靶标或通路进行验证；最后采用复杂的体内试验测定危害效应。

6.2 发达国家（地区）常用的计算毒理学模型

从化学物质危害筛查和风险评估预测终点出发，对发达国家常用的计算毒理学软件进行了比较分析。收集到的 18 个发达国家常用软件中，7 个商业付费软件包括 DEREK、Cheminformatics Tool Kit（REACHacros）、ACD/Percepta、TOPKAT、ChemTunes/ToxGPS、Leadscope Model Applier、MultiCASE。11 个免费使用的软件包括 EPI Suite、T.E.S.T、OECD（Q）SAR Toolbox、Toxtree、OncoLogic、LAZAR、Danish（Q）SAR Database、ALOGPS、AMBIT、VEGA、PBT Profiler，其中单机版本的有 EPI Suite、T.E.S.T、OECD（Q）SAR Toolbox、Toxtree、OncoLogic、AMBIT、VEGA（表 6-1）。

表 6-1 发达国家常用模型比较分析

序号	软件	理化参数	环境行为参数	生态毒理终点	健康毒理终点	其他	建议
1	VEGA	正辛醇-水分配系数 K_{ow}	生物富集因子、快速生物降解、沉积物持久性、土壤持久性、水中持久性	鱼急性毒性、大型溞急性毒性、蜜蜂急性毒性参数	致突变性、致癌性、发育毒性、雌激素受体模型、皮肤致敏性		单机软件、模型可见
			http://www.vega-qsar.eu/				
2	EPI Suite	正辛醇-水分配系数 K_{ow}、正辛醇-空气分配系数 K_{OA}、土壤有机碳标准化分配系数 K_{OC}、熔点、沸点、蒸气压、水溶解度、亨利定律常数	生物富集因子 BCF、生物积累因子 BAF、气相（羟基自由基、臭氧等）氧化速率常数、水解速率常数、生物降解性、碳氢化合物的生物降解率、化学物质在各相中的半衰期	水生生物毒性 LD_{50}、LC_{50}	—	皮肤渗透系数	单机/线上软件、模型可见
			https://www.epa.gov/tsca-screening-tools/epi-suitetm-estimation-program-interface				
3	PBT Profiler	—	化学物质在各相中的半衰期、BCF 值（鱼）	鱼的慢性毒性	—	—	建设中
			http://www.pbtprofiler.ne/				
4	DEREK	—	—	水生生物急性毒性	致癌性、致突变性、遗传毒性、致畸性、致敏性、皮肤致敏性、刺激性、呼吸道毒性、生殖毒性		商业软件、模型不可见
			https://www.lhasalimited.org/products/derek-nexus.htm				

序号	建议	软件	理化参数	环境行为参数	生态毒理终点	健康毒理终点	其他
5	线上模型不可见	LAZAR	—	—	水生生物急性毒性	致癌性、致突变性、LOAEL 最大推荐日摄取量	血脑屏障穿透性
	https: //lazar.in-silico.ch/predict						
6	商业模型软件不可见，每个物质、每个终点收费295美元	Chemin formatics Tool Kit (REACHacros)	—	—	急性水生生物毒性、慢性水生生物毒性	急性口服毒性、急性吸入毒性、皮肤毒性、皮肤腐蚀性/刺激性、眼损伤/刺激性、皮肤致敏性、致突变性	—
	https: //msc.ul.com/en/products/cheminformatics/						
7	商业模型软件不可见	ACD/ Percepta	水溶解度、沸点、闪点、极性表面积、解离常数、正辛醇/水分配系数	—	水生生物急性毒性	急性毒性（小鼠、大鼠）、致突变性、内分泌干扰、脏器毒性副作用、刺激性、最大结药剂量、内分泌干扰性、对器官和系统不良影响（肺、肝、肾、消化系统、心血管系统等）、刺激性	血脑屏障穿透性、小肠穿透性、P450酶抑制、代谢位点预测等 ADME 性质
	https: //www.acdlabs.com/products/percepta/index.php						
8	单机软件，模型可见	T.E.S.T	沸点、密度、闪点、热导率、黏度、表面张力、水溶解度、蒸气压、熔点	生物富集系数 BCF	水生生物急性毒性	急性毒性（大鼠）、发育毒性、致突变性	
	https: //www.epa.gov/chemical-research/toxicity-estimation-software-tool-test						

序号	建议	软件	理化参数	环境行为参数	生态毒理终点	健康毒理终点	其他
9	单机/线上专业性强	OECD（Q）SAR Toolbox	沸点、解离度、水溶解度、蒸气压、熔点、凝固点、分配系数、爆炸性	生物积累因子BAF、生物降解性、光降解性、水中稳定性、化学物质在各环境介质中的分配	水生生物毒性、陆生生物毒性	急性毒性、致癌性、发育毒性、遗传毒性、刺激性/腐蚀性、光诱导毒性（photoinduced toxicity）、致敏性、生殖毒性、重复剂量毒性	—
			https://www.oecd.org/chemicalsafety/oecd-qsar-toolbox.htm				
10	单机决策树	Toxtree	—	—	急性毒性（大鼠）、致癌性、致突变性、皮肤刺激性/腐蚀性、眼刺激性/腐蚀性、生物降解性、皮肤致敏性、遗传毒性	DNA结合性、蛋白质结合性、P450酶代谢等
			http://toxtree.sourceforge.net/				
11	商业软件、模型不可见	TOPKAT	—	—	水生生物急性毒性	致癌性、致突变性、皮肤致敏性、皮肤刺激性、眼刺激性、遗传毒性	—
			https://www.toxit.it/en/services/software/topkat				
12	商业软件、模型不可见	ChemTunes/ToxGPS	—	生物富集系数BCF、生物降解	水生生物毒性	致突变性、遗传毒性、肝毒性、心脏毒性、生殖毒性、急性毒性、致癌性、肾毒性、发育毒性、眼毒性、皮肤毒性、内分泌干扰性	—
			https://www.chemtunes.com/				

序号	建议	软件	理化参数	环境行为参数	生态毒理终点	健康毒理终点	其他
13	商业软件、模型不可见	Leadscope Model Applier	—	https://www.leadscope.com/model_appliers/	—	遗传毒性、致癌性、发育毒性、生殖毒性、神经毒性、肝毒性、心脏毒性、尿路毒性	—
14	单机软件可见专家决策	OncoLogic	—	https://www.epa.gov/tsca-screening-tools/oncologictm-computer-system-evaluate-carcinogenic-potential-chemicals	—	致癌	—
15	商业软件、模型不可见	MultiCASE	—	生物富集系数BCF、生物降解性 http://multicase.com/	水生生物毒性	致突变性、遗传毒性、致癌性、肝脏毒性、心脏毒性、肾毒性、生殖毒性、发育毒性、眼/皮肤毒性、急性毒性、内分泌干扰性	—
16	数据库在线	Danish (Q)SAR Database	物理化学特性（EPI suite）	环境归趋、生物累积（EPI suite） http://qsar.food.dtu.dk	生态毒性	吸收、代谢和毒性	—
17	单机/线上软件、模型可见	ALOGPS	K_{ow}、水溶性	http://www.vcclab.org/lab/alogps/	—	—	—
18	数据库在线	AMBIT	—	https://ambit.acad.bg/	—	—	数据库包括物质结构、标识信息、描述符、试验数据、文献信息；嵌套（Q）SAR；进行化学物质分类

6.3 我国计算预测技术发展与展望

6.3.1 我国计算预测模型工具已开展工作

6.3.1.1 计算预测模型工具在我国的启蒙

从 20 世纪 80 年代开始，我国相继有专家学者在计算预测技术领域开展科学研究。囿于早期计算机技术并不发达，加之用于建模的试验数据相对较少，早期该项技术主要借助化学物质的分子结构信息应用于药品研发和创制，以帮助药品设计人员有预见的合成一些生物活性较高、环境较友好的化合物。

进入 20 世纪 90 年代，随着待测试化学物质的激增，加上动物试验高昂的费用，学术界逐渐将目光投向了计算预测技术。我国逐渐有学者开展环境领域的计算预测技术研究，如基于定量-结构活性关系构建计算预测模型，模拟预测化学物质的理化参数和危害终点。

总之，从 20 世纪 80 年代到 21 世纪初期，计算预测技术多集中于模型构建理论研究、药品研发和化学物质少数参数指标的预测，鲜有自主开发的预测模型应用软件。

6.3.1.2 计算预测模型工具在我国的发展

21 世纪初，随着计算机技术的快速发展，越来越多科研工作者专注于计算预测研究，推动了我国计算预测技术的快速发展。我国部分高校和科研院所依托科技项目开展了一些计算毒理学基础研究，取得了众多具有创新的研究成果。例如，大连理工大学环境学院基于科技项目，尝试开发了化学品预测毒理学平台，以及反映我国空间分布特异性的环境多介质逸度模型；中国科学院烟台海岸带研究所在预测底栖生物慢性毒性、遗传毒性以及内分泌干扰效应方面做了相关工作；南京理工大学在预测分配系数、急性毒性、慢性毒性以及内分泌干扰效应方面做了相关工作；南京大学在生殖毒性、内分泌干扰效应、高通量与高内涵毒性筛查方面做了相关工作；浙江大学开展了基于计算毒理学技术预测人体健康危害的研究，以及基于多种机器学习分类大数据模型预测结构多样性化合物的雄激素活性等；中国科学院生态环境研究中心开发了污染物特定毒性效应的虚拟筛选平台，采用多模板方法构建进行匹配的靶点结构，同时进行效应的甄别，降低非试验评估结果的假阴性率等。

同时期，我国科技主管部门开始设立计算预测技术相关科研项目，支持和发展计算毒理学技术。"十一五"期间，我国设立的科研项目侧重于模型研究、物质筛查和调查、暴露估算等。例如，我国设立了"新化学物质属性计算机模型研究""优先环境管理化学品筛选技术研究""化学品危害诊断、分类、暴露预测及名录研究"等，这些项目的设立促进了风险预测科研的进步和发展。

"十三五"时期，我国依托国家重点研发计划项目，继续支持计算毒理学相关的科研项目。例如，"高关注化学品风险管控关键技术研究""涂料行业有毒有害物质筛选、排放特征与场景构建研究""典型区域优先控制化学品甄别与风险管控技术集成""农田有毒有害化学污染源头防控技术研究"等，使我国计算预测技术科研整体水平进一步提升。

6.3.1.3　计算预测技术相关工作实施概况

（1）在政策法规中，明确了计算预测技术的法律位阶，发布并实施系列计算预测技术相关技术文件

近年来，我国化学物质环境管理政策逐步修订完善，相关管理法规中对计算毒性和暴露预测技术提出了具体管理要求，发布并实施的系列化学物质风险评估相关标准指南中，也均对计算毒理和暴露预测技术提出相关要求。2020年11月，我国发布并实施的《新化学物质环境管理登记指南》，提出在无法测试的特殊情况下，申请数据也可以来自结构活性定量估算[（Q）SAR]、交叉参照等方法产生的非测试数据。2019年8月，我国发布并实施的《化学物质环境风险评估技术方法框架性指南》，指出计算毒理学数据可用来定性化学物质危害。2020年12月，我国发布实施的《化学物质环境与健康危害评估技术导则》，指出数据来源尽可能广泛。2020年12月，我国发布实施的《化学物质环境与健康暴露评估技术导则》对模型预测数据提出具体要求。2020年12月，我国发布实施的《化学物质环境与健康风险表征技术导则》，指出危害识别过程的不确定性来源包括计算毒理学模型的选择与使用等。

（2）成立专业的计算预测技术相关管理机构和学术组织

中国环境科学学会化学品环境风险防控专业委员会、中国毒理学会计算毒理学专业委员会等学术组织，集聚了国内外各方力量，形成了一支多部门、多维度、专业化的专家与科研队伍，拥有国内顶尖的化学品环境管理领域专家队伍，会集

了高校、科研院所、企事业单位等化学品环境管理领域的专家学者，共同研究和推进我国化学物质风险预测技术支撑体系建设，切实提升了化学物质的环境决策支持能力。

6.3.2 风险预测技术差距与展望

6.3.2.1 差距分析

从总体来看，国外风险预测工具应用于化学物质管理日趋成熟，已成为欧美等发达国家（地区）实现化学品风险管理目标的关键支撑技术。该技术每年都有大量资金和人力投入，经过多年建设，欧美等发达国家（地区）正逐步建构能服务于化学品环境管理的计算预测模型工具体系，得到了各国化学物质行政管理部门的高度重视，并在新化学物质申报登记、现有化学物质风险筛查、全球化学品统一分类和标签制度等领域都发挥着越来越大的作用。

与发达国家相比，我国在风险预测工具方面存在较大差距，主要体现在两个层面。在国家层面，风险预测技术在我国仍处于起步阶段，缺乏国家层面的政策导向及发展规划，国家在该领域的人员和经费投入相对不足，计算毒理与暴露预测平台尚未建立，化学物质风险评估预测工具体系尚未形成，我国也尚未实施计算预测技术相关行动计划。

在科研层面，国内部分高校和科研院虽然在该领域取得一定的成果，但也存在诸多局限。主要体现在两方面，一是国内高校和科研院所等，少数开展了化学物质计算毒理学模型研究与构建，但并未将模型进行软件化，尚不能有力地支撑国内化学物质环境管理；二是国内的高校和科研院所开展的相关研究，大多以完成科研项目任务为目标，其研究往往随着项目结题而终止，成果对我国化学物质环境管理缺乏延续性、针对性、实用性，也不具备整体性、系统性、统筹性，无法真正地应用于我国化学物质的实际管理。

6.3.2.2 构建风险评估预测模型工具体系

着眼于解决现阶段我国风险预测技术的差距和短板，构建化学物质风险评估预测模型工具体系已刻不容缓。"十四五"期间，我国应依托化学物质环境风险评估中心和国家生态环境化学物质计算毒理与暴露预测重点实验室，以新污染物治理为主线，以化学物质风险筛查与评估为目标，以现有化学物质和新化学物质为两翼，以需求为先、适度超前，周期循环、内外兼顾，统筹规划、系统管理，立足当下、分步实施为基本原则,构建面向管理需求的化学物质风险评估模型工具,初步形成化学物质环境管理的现代化计算预测新格局。同时,参考发达国家建设经验,制定计算预测领域国家层面的政策导向及发展规划,加大对风险预测技术的研究投入和人才培养,建立多部门协调机制,推动国内高校和科研院所在开展化学物质计算毒理学模型研究与构建的同时注重模型的软件化,实施模型工具的全生命周期管理。

化学物质风险评估模型工具体系主要建设两大类别,分别是技术支撑体系和管理支撑体系。技术支撑体系主要建设危害评估工具和暴露评估工作两大类,管理支撑体系主要建设标准规范体系和工具管理体系两大类,具体技术路线见图6-1。

风险评估预测模型工具体系建成后,将打通预测模型工具循环经络,将化学物质流中的源解析、排放、归趋信息、环境暴露、人体暴露、靶点信息等暴露特征衔接起来,建设化学物质从源到内暴露的连续性过程的预测模型工具体系,建立相对完善的危害和暴露参数预测数据库和工具库,形成技术支撑体系和管理支撑体系两大支撑,实现预测模型工具在化学物质环境管理上的应用,编制完成涵盖化学物质风险评估预测工具构建、评估和应用等生命周期的技术标准体系,为化学物质危害筛查、风险评估提供预测工具保障。

6.3.3 计算预测技术在化学物质管理中的应用

经过多年的发展和实践,各个国家基于计算机技术开发了环境暴露预测模型,根据风险评估的需要,模拟化学品在各环境介质的分布情况,估算出了最保守的暴露浓度。EQC(Equilibrium Criterion)模型是由加拿大环境建模和化学品中心基于 Mackay 在 1996 年提出的逸度原理开发而成,并于 1997 年 5 月公开发布,通过不断的修改和矫正错误,目前官方最新版本为 2012 年 11 月发布的 New-EQC V1.01。New-EQC 模型依据化学品的理化性质,被广泛应用于预测化学品在环境相中的归趋、分布和迁移转化行为。在使用 EQC 模型预测国内化学品的环境暴露浓度前,需要对 EQC 模型输入参数敏感性分析,筛选出对模型预测结果影响较大的输入参数,以降低 EQC 模型预测结果的不确定性,为化学品非风险评估提供准确数据。

第 6 章 化学物质风险预测技术

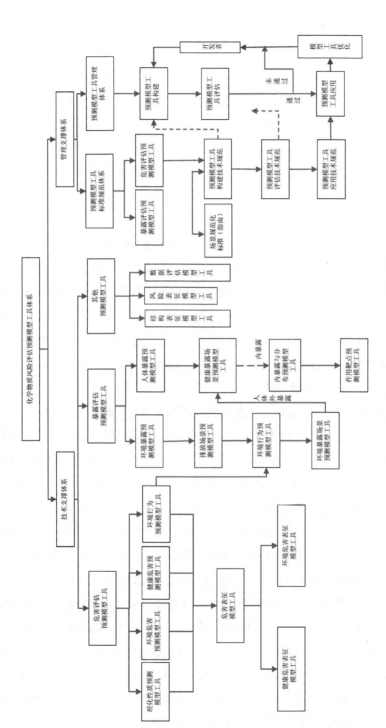

图 6-1 化学物质风险评估模型工具体系建设示意图

6.3.3.1　EQC 模型敏感性分析方法

（1）一次一个变量法

一次一个变量法的基本原理是将模型参数输入值在其最佳估算值附近微小变化（如增减 10%），通过模型分别进行 100 次重复模拟，计算参数输入值变化后的模型输出结果变化率，其变化率的绝对值代表了模型参数的敏感度。

（2）回归分析法

回归分析法通过随机采样生成参数样本序列，计算每个样本对应的模型响应，然后进行线性回归。

6.3.3.2　结果与讨论

敏感性分析是在使用多介质环境模型 New-EQC 模型预测化学物质在环境归趋或环境暴露浓度时不可缺少的环节，New-EQC 模型输入参数包括化学物质的物化参数、环境排放量和环境参数，相对于旧版 EQC 模型，在获得授权后可以对模型置入的环境参数值进行修改，因此本研究分别采用一次一个变量法和回归分析法分析化学物质的 19 个物化参数、5 个环境排放量和 17 个环境参数的变化对模型输出的化学物质在各环境相中的比例和浓度的影响程度，具体结果如下。

（1）一次一个变量法结果

① 以环境归趋为 Level Ⅲ 输出结果的模型参数敏感性分析结果。

如图 6-2 所示，每个柱体代表每个参数对各个环境相的敏感性。在以环境归趋为 New-EQC 模型 Level Ⅲ 输出结果时，有 12 个物化参数、3 个环境排放量参数和 17 个环境参数的变化对化学物质在各个环境相中分布产生影响，水溶解度等共 9 个参数的变化对输出结果无影响。在空气相中，空气中反应半衰期、空气面积等 9 个参数起正相关作用，试验温度、土壤面积等其他 23 个参数起负相关作用，其中 Level Ⅲ：向空气排放率参数和空气平流时间的变化对八甲基环四硅氧烷（D4）在空气相中的分布存在显著敏感性影响。在水相中，亨利常数、水面积等 14 个参数起正相关作用，试验温度、土壤面积等其他 18 个参数起负相关作用，其中 Level Ⅲ：向空气排放率参数和空气平流时间的变化对 D4 在水相中的分布存在显著敏感性影响。在土壤相中，试验温度、土壤面积等 12 个参数起正相关作用，亨利常数、空气面积等其他 20 个参数起负相关作用，其中 Level Ⅲ：向土壤排放率参数和土壤深度的变化对 D4 在土壤相中的分布存在显著敏感性影响。在沉积物相中，沉积物中反应半衰期、沉积物面积等 17 个参数起正相关作用，试验温度、水面积等其他 15 个参数起负相关作用，其中悬浮物-水分配系数和沉积物沉积速率的变化对 D4 在沉积物相中的分布存在显著敏感性影响。

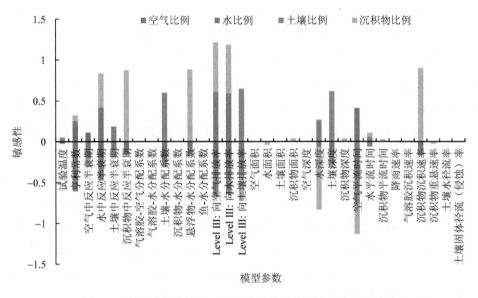

图 6-2　以环境归趋为 Level III 输出结果的模型参数敏感性分析

② 以环境暴露浓度为 Level III 输出结果的模型参数敏感性分析结果。

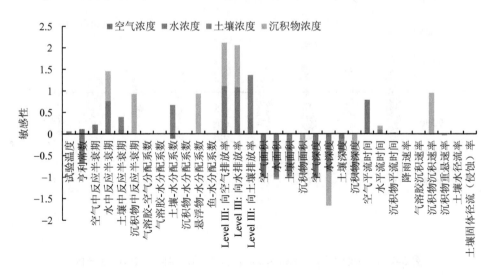

图 6-3　以环境暴露浓度为 Level III 输出结果的输入物化参数敏感性分析

如图 6-3 所示，每个柱体代表每个输入参数对各个环境相的敏感性。在以环境暴露浓度为 New-EQC 模型 Level Ⅲ输出结果时，有 12 个物化参数、3 个环境排放量参数和 17 个环境参数的变化对化学物质在各个环境相中暴露浓度产生影响，水溶解度等共 9 个参数的变化对输出结果无影响。在空气相中，空气反应半衰期、空气平流时间等 13 个参数起正相关作用，试验温度、空气面积等 19 个参数起负相关作用，其中 Level Ⅲ：向土壤排放率和空气面积的变化对 D4 在空气相中的暴露浓度存在显著敏感性影响。在水相中，水中反应半衰期、水平流时间等 20 个参数起正相关作用，亨利常数、水面积等其他 12 个参数起负相关作用，其中 Level Ⅲ：向空气排放率和水面积的变化对 D4 在水相中的暴露浓度存在显著敏感性影响。在土壤相中，试验温度、水面积等 12 个参数起正相关作用，亨利常数、土壤面积等 20 个参数起负相关作用，其中 Level Ⅲ：向土壤排放率和土壤面积的变化对 D4 在土壤相中的暴露浓度存在显著敏感性影响。在沉积物相中，沉积物中反应半衰期和沉积物沉积速率等 21 个参数起正相关作用，亨利常数、沉积物面积等 11 个参数起负相关作用，其中 Level Ⅲ：向空气排放率和沉积物深度的变化对 D4 在沉积物相中的暴露浓度存在显著敏感性影响。

（2）回归分析法结果

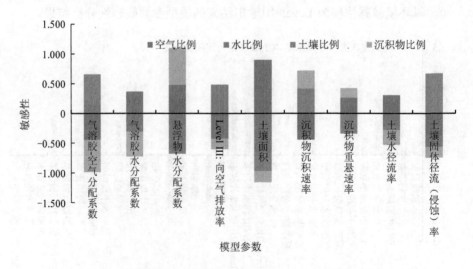

图 6-4 以环境归趋为 Level Ⅲ输出结果的输入物化参数敏感性分析

如图 6-4 所示，每个柱体代表每个输入参数对各个环境相的敏感性。在以环境归趋为 New-EQC 模型 Level Ⅲ 输出结果时，有 3 个物化参数、4 个环境排放量参数和 5 个环境参数的变化对化学物质在各个环境相中暴露浓度分布产生影响，摩尔质量等共 23 个参数的变化对输出结果无影响。在空气相中，气溶胶-水分配系数等 5 个参数起正相关作用，气溶胶-空气分配系数等其他 4 个参数起负相关作用，其中土壤面积的变化对 D4 在空气相中的分布存在显著敏感性影响。在水相中，气溶胶-空气分配系数和悬浮物-水分配系数起正相关作用，气溶胶-水分配系数等其他 7 个参数起负相关作用，其中土壤面积的变化对 D4 在水相中的分布存在显著敏感性影响。在土壤相中，气溶胶-空气分配系数等 4 个参数起正相关作用，气溶胶-水分配系数等其他 5 个参数起负相关作用，其中悬浮物-水分配系数的变化对 D4 在土壤相中的分布存在显著敏感性影响。在沉积物相中，悬浮物-水分配系数等 3 个参数起正相关作用，气溶胶-空气分配系数等其他 6 个参数起负相关作用，其中悬浮物-水分配系数的变化对 D4 在沉积物相中的分布存在显著敏感性影响。

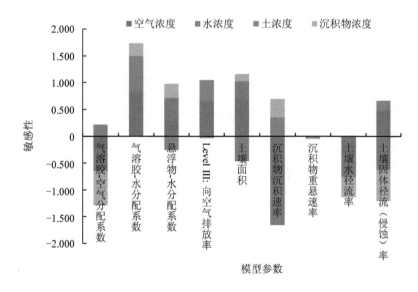

图 6-5　以环境暴露浓度为 Level Ⅲ 输出结果的输入物化参数敏感性分析

如图 6-5 所示，每个柱体代表每个输入参数对各个环境相的敏感性。在以环境暴露浓度为 New-EQC 模型 Level Ⅲ 输出结果时，有 3 个物化参数、4 个环境排放量参数和 5 个环境参数的变化对化学物质在各个环境相中暴露浓度产生影响，摩尔质量等共 23 个参数的变化对输出结果无影响。在空气相中，气溶胶-水分配系数等 5 个参数起正相关作用，气溶胶-空气分配系数等其他 4 个参数起负相关作用，其中沉积物沉积速率的变化对 D4 在空气相中的暴露浓度存在显著敏感性影响。在水相中，气溶胶-水分配系数等 3 个参数起正相关作用，气溶胶-空气分配系数等其他 6 个参数起负相关作用，其中沉积物沉积速率的变化对 D4 在水相中的暴露浓度存在显著敏感性影响。在土壤相中，气溶胶-空气分配系数等 6 个参数起正相关作用，悬浮物-水分配系数等其他 3 个参数起负相关作用，其中气溶胶-水分配系数的变化对 D4 在土壤中相的分布存在显著敏感性影响。在沉积物相中，气溶胶-水分配系数等 5 个参数起正相关作用，气溶胶-空气分配系数等其他 4 个参数起负相关作用，其中气溶胶-空气分配系数的变化对 D4 在沉积物相中的暴露浓度存在显著敏感性影响。

第 7 章 环境风险评估在新化学物质环境管理中的应用

7.1 新化学物质环境管理在新污染物治理体系中的作用

新化学物质环境管理登记是一项国际通行的化学物质环境管理制度,在新化学物质生产或者进口前,通过环境管理登记,识别危害和评估环境风险,采取限制、禁止等管控措施实施市场准入,防止具有不合理环境风险的新化学物质进入经济社会。新化学物质环境管理是化学物质环境风险管理体系的必要组成部分,是新污染物治理体系中的重要内容,在新污染物治理中发挥着重要作用。

7.1.1 新化学物质环境管理对于新污染物治理具有重要意义

根据国际经验,有毒有害化学物质的生产和使用是新污染物的主要来源,新污染物治理主要遵循全生命周期环境风险管理理念,核心是化学物质的环境风险评估与管控,重在源头防控。新化学物质环境管理登记作为一项国际通行的识别危害、防控有毒有害化学物质环境风险的源头防范制度,是防范新污染物产生,严格有毒有害化学物质源头管控的有力抓手,也是促进化学工业绿色、安全、高质量发展的重要手段。

因此,加强新污染物治理,有效防控新污染物环境与健康风险,既要治理"新污染物"存量,又要防控"新污染物"增量,需要全面落实新化学物质环境管理登记制度,充分发挥源头防范新污染物环境风险的"防火墙"作用。

7.1.2 新化学物质环境管理是化学物质"筛、评、控"的应用范式

新污染物治理的核心是构建以化学物质"筛、评、控"为主线的全过程环境

风险防控体系。新化学物质作为化学物质的重要组成部分，其环境和健康危害性尚未识别，其生产和使用可能具有较大的环境和健康风险，部分新化学物质具有持久性、生物累积性和毒性，或者具有致癌性、生殖毒性等严重环境和健康危害特性。

国内外化学物质环境管理实践显示，各国主管机构主要是通过新化学物质环境管理登记的手段，开展新化学物质的环境风险评估，进行危害评估以识别危害并进行危害表征，通过暴露评估和风险表征，得出环境风险评估结论。最终提出禁止、限制或关注等管控措施建议，做出是否予以新化学物质市场准入的决定，并明确具体的准入条件。

因此，新化学物质环境管理树立了化学物质"筛、评、控"管控思路的实际应用范式。

7.1.3　环境风险评估在中国新化学物质环境管理中的应用

环境风险评估应用于中国新化学物质环境管理，对于中国的化学物质环境管理具有牵引和带动作用。通过实施新化学物质环境风险评估，推动了化学物质环境管理法规政策、环境风险评估技术标准规范、环境风险管理技术、测试实验室管理、测试技术方法、技术评审队伍等管理要素体系的构建和完善，为新污染物环境风险源头防范积累了经验和案例。

与发达国家和地区的新化学物质环境管理实践相比，我国的新化学物质环境管理既吸纳了国际通行的典型做法和经验，又具有中国特色。

一是采用筛查式登记类型设计，聚焦管理重点。充分考虑新化学物质一头连着创新研发，一头连着环境风险防控的特性，借鉴欧盟、美国、日本、加拿大等国际通行做法，在聚焦常规登记物质管理重点之外，设置低量简易登记和备案的申请类型，对中间体和聚合物等进行特别规定，制定不同的数据要求和环境风险评估要求，实行风险分级分类管理。

二是落实环境风险评估企业主体责任。中国的新化学物质环境管理要求常规登记申请人提交环境风险评估报告，生态环境部负责进行技术评估。根据环境风险评估需要，设计了常规登记的具体数据项目要求，与欧盟 REACH 法规、美国 TSCA 法、加拿大 CEPA 1999、日本《化审法》要求的数据项目略有不同。

三是环境风险评估框架和逻辑基本一致。中国与国际主要发达国家和地区开展新化学物质环境风险评估遵循的框架基本一致，即危害识别、剂量（浓度）-反应（效应）评估、暴露评估和风险表征四步法。

四是环境风险管控措施思路基本一致。根据环境风险评估结论，制定禁止、限制和关注等管控措施，对新化学物质的生产和进口活动的潜在风险进行管控，实施市场准入和活动限制。

以下内容将根据环境风险评估在新化学物质环境管理应用的中国案例，进行解析。

7.2 新化学物质环境风险评估的中国案例解析——筛查机制

7.2.1 概述

2010 年，环境保护部将风险评估理念引入《新化学物质环境管理办法》（环境保护部令 第 7 号，以下简称 7 号令）。7 号令首次提出"国家对新化学物质实行风险分类管理""新化学物质申报报告的风险评估报告包括申报物质危害评估、暴露预测评估和风险控制措施，以及环境风险和健康风险评估结论等内容"。这是风险评估首次应用于中国化学物质环境管理规章制定，开启了化学物质环境风险评估的管理应用实践，新化学物质环境管理实现了由危害评估到风险评估的转变。

2020 年，生态环境部对 7 号令进行修订，发布了《新化学物质环境管理登记办法》。12 号令提出"科学、有效评估和管控新化学物质环境风险，聚焦对环境和健康可能造成较大风险的新化学物质""新化学物质环境风险评估报告包括对拟申请登记的新化学物质可能造成的环境风险的评估，拟采取的环境风险控制措施及其适当性分析，以及是否存在不合理环境风险的评估结论"。环境风险评估在新化学物质环境管理中的应用进一步强化。

历经十余年的发展，环境风险评估在新化学物质环境管理中持续深入应用，形成了化学物质源头准入管理的中国案例。

7.2.2 建立筛查式评估机制

12号令根据新化学物质的应用实际,采用了筛查式评估机制设计,按照环境风险分级分类的原则,将新化学物质环境管理登记分为常规登记、简易登记和备案三种类型,明确需要开展环境风险评估的物质对象。

一是常规登记新化学物质需要开展环境风险评估。年生产量或进口量大于等于 10 t 的新化学物质,需要办理常规登记。申请人需要提交理化、健康毒理、生态毒理测试报告和数据信息,以及环境风险评估报告等申请材料。生态环境部化学物质环境风险评估专家委员会对常规登记申请材料进行技术评审,提出技术评审意见。生态环境部审查认为未发现不合理环境风险的,予以登记,向申请人核发常规登记证,高危害化学物质还应当符合申请活动必要性要求;认为发现有不合理环境风险的,或者不符合高危害化学物质申请活动必要性的,不予登记,书面通知申请人并说明理由。常规登记化学物质自首次登记之日起满 5 年后,列入《中国现有化学物质名录》。常规登记的环境风险评估主要根据 12 号令、《新化学物质环境管理登记指南》《化学物质环境与健康危害评估技术导则(试行)》《化学物质环境与健康暴露评估技术导则(试行)》《化学物质环境与健康风险表征技术导则(试行)》等法规政策和技术文件开展。按照"四步法"评估模式和技术方法,在对所有已知数据和信息进行质量评估的基础上,对新化学物质生产或进口活动的潜在环境风险进行评估,具体涉及危害评估、暴露评估、风险表征和评估结论 4 部分内容。

二是简易登记新化学物质需要进行危害筛查。年生产量或进口量大于等于 1 t 并小于 10 t 的新化学物质,需要办理简易登记。申请人需要提交理化、生态毒理测试报告和数据信息等申请材料,生态环境部所属化学物质环境管理技术机构对简易登记申请材料进行技术评审,提出技术评审意见。生态环境部审查认为未发现同时具有持久性、生物累积性和毒性,且未发现累积环境风险的,予以登记,向申请人核发简易登记证;认为发现同时具有持久性、生物累积性和毒性,或存在累积环境风险的,不予登记,书面通知申请人并说明理由。简易登记化学物质不列入《中国现有化学物质名录》。

三是备案新化学物质提交已知信息或说明材料。年生产量或者进口量小于 1 t,或者新化学物质单体或者反应体含量不超过 2%的聚合物或者属于低关注聚合物的，需要办理备案。申请人需要提交化学物质标识信息和已掌握的环境与健康危害特性等信息，聚合物备案的还应提交单体和反应体列表、分子量分布图、聚合物反应机理过程、申请新化学物质不属于备案排除情形的判别说明材料。生态环境部对完整齐全的备案材料发送备案回执，备案化学物质不列入《中国现有化学物质名录》。

7.3 新化学物质环境风险评估的中国案例解析——危害评估

7.3.1 设计数据要求

常规登记设计了理化、健康毒理和生态毒理的数据要求，通过申请表的形式收集评估数据和信息。申请表共 7 部分内容，涉及申请人信息、登记基本情况、申请新化学物质信息、暴露信息、固有特性、环境风险评估报告和社会经济效益报告等内容，其中固有特性涉及理化、健康毒理和生态毒理数据要求。

申请人应提交相应最低要求数据，对于最低要求数据不足以对新化学物质环境风险做出全面评估的常规登记新化学物质，申请人还需提交其他数据。最低要求数据包括基本数据和特殊要求数据，其中所有化学物质均需提交基本数据，具有持久性、生物累积性相关特性的还应提交特殊要求数据，符合数据豁免条件可进行适当豁免。最低要求数据详见表 7-1 至表 7-3。

表 7-1 12 号令常规登记物理化学性质最低要求数据

数据项目	常规登记		
	气态物质	液态物质	固态物质
图谱①	√	√	√
熔点/凝固点		√	√
沸点		√	
密度		√	√
蒸气压		√	
水溶解度	√	√	√
正辛醇-水分配系数		√	√
pH		√	
粒径			√
表面张力②		√	

数据项目	常规登记		
	气态物质	液态物质	固态物质
临界点	√		
解离常数		√	√
亨利常数[③]		√	√
其他[④]			

注：①对于有机物，应至少提供红外、核磁共振、质谱中的两种图谱；对于手性物质，应尽可能提供旋光度等方面的信息。图谱数据应由符合资质要求的测试机构出具，提交时应包括测试条件信息和数据解析。
②根据申请物质结构，表面活性可预期、可被预测或者表面活性是所需要的数据时方需提交。
③可以来自测试数据也可来自模型计算数据。
④其他形态物质：参照上述三种形态，提供可进行测试项目的数据。临界温度必要时可计算。

表7-2　12号令常规登记健康毒理性质最低要求数据

数据项目	基本数据	特殊要求数据[⑮] （具有持久性或者 生物累积性）	特殊要求数据[⑮] （同时具有持久性和 生物累积性）
急性毒性[①]	√	√	√
皮肤腐蚀/刺激[②]	√	√	√
眼刺激[②]	√	√	√
皮肤致敏[②]	√	√	√
致突变性[③]	√	√	√
反复染毒毒性	√[④]	√[⑤]	√[⑥]
生殖/发育毒性	√[⑦]	√[⑧]	√[⑨]
毒代动力学[⑩]			√
慢性毒性[⑪]			√
致癌性		√[⑫]	√[⑬]
其他[⑭]	√	√	√

注：①急性毒性数据包括急性经口毒性、急性经皮毒性、急性吸入毒性。
②可以来自体内测试数据也可来自体外测试数据。体外测试数据无法得出结论的，需提供体内测试数据。
③提交三项致突变性数据，包括细菌致突变试验数据、体外哺乳动物细胞染色体畸变试验数据（或体外哺乳动物细胞微核试验数据）、体外哺乳动物细胞基因突变试验数据。根据以下情形提交额外测试结果：

　　a) 上述任意一项或两项体外遗传毒性试验结果为阳性的，提交对应遗传毒性终点的体内遗传毒性试验数据；

　　b) 上述体外遗传毒性试验全部结果为阳性的，可视为具有致突变性，或进一步提交两项不同遗传毒性终点的体内遗传毒性试验数据。

④反复染毒毒性包括经口、经皮和吸入，应结合申请用途，提供主要暴露途径的试验数据。基本数据应提交 28 天反复染毒毒性试验数据。

⑤提交 90 天反复染毒毒性试验数据，或基于科学、合理的（Q）SAR 模型预测报告。

⑥提交 90 天反复染毒毒性试验数据。

⑦提交生殖/发育筛选试验。若已知申请新化学物质对生殖有有害效应或与已知的生殖毒性物质化学结构相似，应进行发育毒性研究；若已知申请新化学物质导致发育毒性或与已知的发育毒性物质化学结构相似，应进行生殖毒性研究。

可用孕期发育毒性数据、两代生殖毒性数据或扩展的一代生殖毒性数据替代筛选试验。

⑧可选择其中一种方案：

a）提交两代生殖毒性数据（或扩展的一代生殖毒性数据），或；

b）提交孕期发育毒性数据，同时提交生殖/发育毒性的两种以上基于科学、合理的（Q）SAR 模型预测报告。

⑨提交孕期发育毒性和两代生殖毒性数据（或扩展的一代生殖毒性数据）。

⑩无健康危害效应或者仅有局部毒性的，无须提交毒代动力学测试数据或资料。

有健康危害效应（不包括局部毒性）的，应提交毒代动力学测试数据或资料，包括

　　a）申请新化学物质的毒代动力学测试数据，或；

　　b）申请新化学物质的相关毒代动力学文献或者研究数据，或；

　　c）能说明申请新化学物质相关毒代动力学特性的同系物测试数据或文献（研究）数据，或；

　　d）基于科学、合理的（Q）SAR 模型对申请新化学物质相关毒代动力学特性的预测报告。

其中，具有广泛分散用途且申请量大于 1 000 t，且有健康危害效应（不包括局部毒性）的，应提交全面的毒代动力学测试报告。

⑪申请新化学物质有广泛分散用途，或可能频繁或长期暴露于人体，提供至少一种主要暴露途径的试验数据。

⑫应提交致癌性试验数据或致癌性评估报告。

致癌性评估报告结论认定具有潜在致癌性的，可视为具有致癌性，或者进一步提交致癌试验数据。

⑬申请新化学物质有广泛分散用途，或可能频繁或长期暴露于人体，且属于生殖细胞致突变性类别 2 或在反复染毒试验中有证据表明物质能够诱发增生和/或肿瘤前期病变，可视为具有致癌性，或者进一步提交致癌性试验数据。

前款情形之外的，提交致癌性试验数据或致癌性评估报告，致癌性评估报告结论认定具有潜在致癌性的，可视为具有致癌性，或者进一步提交致癌试验数据。

广泛分散用途是指化学品被经过培训的专业作业人员在众多分散场地使用或者公众日常生活中使用，造成不受控制地暴露或者分散释放的活动。例如，新化学物质或含新化学物质的配制品用作洗涤剂、清洁剂、消毒剂、冷却液、化妆品、香精香料、空气喷雾产品、纺织品染料、家用油漆、涂料、黏合剂、润滑油等与消费者和环境暴露相关的活动。

⑭现有相关资料表明可能具有靶器官毒性，应提交相应毒性数据，如有机磷类物质应提供神经毒性数据。

⑮持久性的判定不适用于无机物。

表 7-3 12号令生态毒理学最低要求数据

数据项目	常规登记 基本数据	常规登记 特殊要求数据[⑧]
藻类生长抑制毒性	√	√
溞类急性毒性	√	√
鱼类急性毒性或鱼类胚胎-卵黄囊吸收阶段短期毒性试验[③]	√	√
活性污泥呼吸抑制毒性[⑧]	√	√
吸附/解吸附性	√	√
降解性[①⑧]	√	√
蚯蚓急性毒性试验	√	√
大型溞繁殖试验	√	√
生物累积性[②⑧]	√	√
鱼类慢性毒性试验[③⑧]	√[④]	√
种子发芽和根伸长试验或陆生植物生长试验		√[⑤]
线蚓繁殖试验或蚯蚓繁殖试验		√[⑤]
底栖生物慢性毒性试验[⑥]		√[⑤]
其他[⑦]		

注:①降解性:首先提交快速生物降解试验数据,该数据应为采用与申请新化学物质性质相适应的测试方法所完成。快速生物降解试验结果为不可快速生物降解的,可进一步提交更多筛选性降解数据,如强化快速生物降解试验、固有生物降解试验、水解、光解等降解数据,以识别是否具有持久性特性。

如果不能根据筛选性降解数据来排除某种物质的持久性,可进一步提交降解模拟测试数据。

②蓄积性试验推荐采用水生生物开展。

③可选择其中一种试验:鱼的早期生命阶段毒性试验或鱼类幼体生长试验。

④申请登记量大于100 t,或者急性/短期毒性试验、大型溞繁殖试验出现毒性效应的,需提交。

⑤具有持久性或者生物累积性的,结合暴露途径选择开展试验:$\lg K_{oc} \geq 3$ 时,选择种子发芽和根伸长试验或陆生植物生长试验、线蚓繁殖试验或蚯蚓繁殖试验、底栖生物慢性毒性试验中的一种试验; $1.5 \leq \lg K_{oc} < 3$ 时,开展种子发芽和根伸长试验、陆生植物生长试验、线蚓繁殖试验或者蚯蚓繁殖试验中的一种试验; $\lg K_{oc} < 1.5$ 时,豁免此项试验。

同时具有持久性和生物累积性的,应提交种子发芽和根伸长试验或陆生植物生长试验、线蚓繁殖试验或蚯蚓繁殖试验、底栖生物慢性毒性试验三种试验数据(豁免的试验除外)。

⑥底栖生物慢性毒性试验,如"沉积物-水体中摇蚊毒性试验:沉积物加标法""沉积物-水体中带丝蚓毒性试验:沉积物加标法"等。

⑦其他:基于现有数据结果,显示具有潜在同等环境或健康危害性的化学物质,还应提交额外的测试数据或资料。例如,内分泌干扰物(EDCs)还应提交鱼类繁殖试验或性发育试验数据。

⑧使用中国的供试生物完成的生态毒理学测试:
a)水生生物毒性数据。包括鱼类急性毒性、鱼类慢性毒性和活性污泥呼吸抑制毒性试验。
b)水生生物蓄积性试验。包括鱼类生物蓄积试验。
c)生物降解性数据。首选快速生物降解测试。如已在境外完成了该项测试,可选择快速生物降解试验、强化快速生物降解试验或固有生物降解试验。

⑨持久性的判定不适用于无机物。

7.3.2 危害评估

（1）危害数据收集与数据质量评估

根据常规登记数据要求，收集理化、健康毒理和生态毒理学相关测试终点数据。

新化学物质测试数据，需遵循真实性、可靠性、科学性和相关性的原则，由具有取得检验检测机构资质认定、符合良好实验室管理规范的境内测试机构以及符合其所在国家主管部门的管理要求或国际通行的 GLP 的境外测试机构，按照《化学品测试导则》或化学品测试相关国家标准规定的测试方法或 OECD 化学品测试导则以及其他国际普遍承认的测试方法开展测试。

其中针对鱼类急性毒性、活性污泥呼吸抑制毒性、降解性、生物累积性、鱼类慢性毒性等测试项目，需要提交使用中国的供试生物完成的生态毒理学测试数据。常规登记最低要求数据的基本数据应源自测试报告，最低要求数据的特殊数据应主要源自测试报告，其他申请数据优先源自测试报告。在无法进行实际测试的特殊情况下，申请数据也可以来自结构活性定量估算（(Q)SAR）、交叉参照、公开发表的权威性文献，以及权威数据库等方法产生的非测试数据。提交的非测试数据，应充分说明理由、方法或数据来源、依据等。

按照危害数据质量评估原则，对所有收集获得的化学物质数据进行筛选评估。对于登记申请提交的所有健康毒理学或生态毒理学数据，若属于采用标准测试方法且遵循 GLP 原则开展测试获得的测试数据，视为有效数据，无须进行数据质量评估，可直接用于新化学物质环境与健康危害评估；若属于采用非标准测试方法产生的测试数据以及非测试数据［(Q)SAR、交叉参照数据等］，按照《化学物质环境与健康危害评估技术导则（试行）》要求进行质量评估，确定用于新化学物质环境与健康危害评估的数据。

（2）环境与健康危害识别

首先，确定新化学物质相关健康毒理学和生态毒理学终点的关键效应数据。每个环境评估对象应选用最敏感物种的生态毒理学数据，健康的关键效应数据通常选择与人体最相关且最敏感的健康毒理学终点，或者采用证据权重法确定。

其次，开展新化学物质环境与健康危害分类，根据分类结果，明确环境与健康危害特性。根据确定的关键效应数据，按照《化学品分类和标签规范》(GB 30000 系列) 的方法对新化学物质的环境危害和健康危害进行分类。对于 GB 30000 系列标准未作规定的健康毒理学或生态毒理学终点，可暂不进行危害分类，但需要根据登记数据对危害性进行说明。

再次，开展高危害新化学物质判别。根据《新化学物质环境管理登记指南》规定，高危害新化学物质包含三类，涉及持久性、生物累积性和毒性物质，高持久性和高生物累积性物质，以及同等环境或者健康危害性物质。判别要求如下：

①持久性、生物累积性和毒性物质及高持久性和高生物累积性物质的判定

a）持久性和高持久性

i. 判定标准。常规登记申请新化学物质依据表 7-4，判断是否具有持久性或高持久性。

表 7-4　持久性和高持久性判定标准

特性	持久性（P）标准	高持久性（vP）标准
持久性（P）	物质符合下列任意一条，具有持久性： a）在海水中的半衰期长于 60 d； b）在淡水或河水中的半衰期长于 40 d； c）在海洋沉积物中的半衰期长于 180 d； d）在淡水或河水沉积物中的半衰期长于 120 d； e）在土壤中的半衰期长于 120 d	物质符合下列任意一条，具有高持久性： a）在海水、淡水或河水中的半衰期长于 60 d； b）在海水、淡水或河水沉积物中的半衰期长于 180 d； c）在土壤中的半衰期长于 180 d

ii. 筛选方法和标准。由于半衰期数据缺失导致无法根据表 7-4 标准判断的，可根据常规登记基本数据，采用表 7-5 所列筛选标准进行判定。

表 7-5　持久性和高持久性筛选标准

序号	数据类型	结果	P 筛选判定
1	快速生物降解试验	28 d 内 10 d 窗口期达到 DOC 去除率≥70%，或者 ThOD/ThCO$_2$ 去除率≥60%	非 P 和非 vP
2	强化快速生物降解试验	DOC 去除率≥70%，ThOD/ThCO$_2$ 去除率≥60%	非 P 和非 vP
3	固有生物降解：赞恩-惠伦斯试验	DOC 消减法，7 d 内矿化率≥70%，对数期不超过 3 d，在降解发生前消减低于 15%，无预驯化接种	非 P
4	固有生物降解：MITI Ⅱ 试验	呼吸计量法（耗氧量）在 14 d 内矿化率≥70%，对数期不超过 3 d，无预驯化接种	非 P

注：①DOC：溶解性有机碳（Dissolved Organic Carbon，DOC）。
②ThOD：理论需氧量（Theoretical Oxygen Demand，ThOD）。
③ThCO$_2$：理论二氧化碳（Theoretical Carbon Dioxide，ThCO$_2$）。

➤ 如快速生物降解试验结果为可快速生物降解的，根据筛选标准，可判定不具有持久性。

➤ 如快速生物降解试验结果为不可快速生物降解的，可将该化学物质视为具有持久性，或者进一步提交强化快速生物降解试验、固有生物降解试验、水解、光解等更多筛选性降解数据。若前述任意一项测试结果显示可降解，可判定不具有持久性。

➤ 若上述所有测试结果均无法排除持久性，可将物质视为具有持久性，或者结合暴露途径进一步提交降解模拟测试数据。开展降解模拟测试，应优先选择沉积物-水环境或水环境降解模拟试验，也可根据需要在土壤相中进行测试。当任意一相的降解模拟测试数据显示可降解时，可判定不具有持久性，否则应判定为具有持久性或高持久性。

b）生物累积性和高生物累积性

i. 判定标准。根据表 7-6 所列标准，对常规登记申请新化学物质是否具有生物累积性或高生物累积性进行判定。

表 7-6　生物累积性和高生物累积性判定标准

特性	生物累积性（B）标准	高生物累积性（vB）标准
生物累积性（B）	BCF 高于 2 000，具有生物累积性	BCF 高于 5 000，具有高生物累积性

生物累积性主要基于水生生物的生物蓄积性测试数据进行评估，淡水生物和海水生物物种的数据均可使用。

ii. 筛选方法和标准。符合生物蓄积性试验豁免条件的，可根据正辛醇-水分配系数（$\lg K_{ow}$）测试结果与筛选标准进行比较，对生物累积性进行判定，关于生物累积性筛选标准见表 7-7。

表 7-7　生物累积性筛选标准

序号	数据类型	结果	B 筛选判定
1	正辛醇-水分配系数（$\lg K_{ow}$）	$\lg K_{ow} \leq 4.5$	非 B 和非 vB
		$\lg K_{ow} > 4.5$	可能具有 B

对于根据上述筛选标准判定为可能具有生物累积性的，可视为具有生物累积性，或者进一步提交更多生物蓄积性测试数据进行判定。

c) 毒性

根据表 7-8，对常规登记申请新化学物质是否具有毒性进行判定。

表 7-8　毒性判定标准

特性	毒性（T）标准
毒性（T）	物质符合下列任意一条，具有毒性： a) 海洋或淡水生物的 NOEC 或 $EC_{10} < 0.01$ mg/L； b) 物质分类为致癌性（1A 或 1B 类）[*]； c) 物质分类为生殖细胞致突变性（1A 或 1B 类）[*]； d) 物质分类为生殖毒性（1A，1B 或 2 类）[*]； e) 其他慢性毒性证据，物质分类为特异性靶器官毒性（反复接触）（类别 1 或类别 2）[*]

注：[*]按照《化学品分类和标签规范》（GB 30000 系列）对新化学物质的环境危害和健康危害进行分类。

②具有同等环境或健康危害性的高危害化学物质的判定

具有同等环境或健康危害性的高危害化学物质包括但不限于内分泌干扰物（EDCs）、极高毒性（急性或慢性）物质。

关于 EDCs，可对照国际现有的 EDCs 管理清单，以及在现有国际数据库中检索申请新化学物质是否属于 EDCs 或疑似 EDCs。申请新化学物质属于疑似 EDCs 的，应在检索基础上提供综合文献评估报告或参照国际通行的技术指南要求进一步开展的测试数据，对申请新化学物质的 EDCs 属性进行初步评估。

极高毒性（急性或慢性）物质，包括但不限于按照《化学品分类和标签规范》（GB 30000 系列），分类为急性毒性[经口、经皮、吸入（气体、蒸汽、粉尘/烟雾）]类别 1，致癌性（1A 或 1B 类），生殖细胞致突变性（1A 或 1B 类），生殖毒性（1A 或 1B 类），特异性靶器官毒性（反复接触）（类别 1），水生慢性毒性 NOEC 或 $EC_{10} < 0.01$ mg/L 的化学物质。

缺少水生慢性毒性数据的情形下，可采用水生急性毒性试验数据结果进行判定，水生急性毒性 EC_{50} 或 $LC_{50} < 0.01$ mg/L 的视为极高毒性（急性或慢性）物质，水生急性毒性 EC_{50} 或 $LC_{50} < 0.1$ mg/L 的，除非提供水生慢性毒性数据进一步判定，否则视为极高毒性（急性或慢性）物质。

(3) 环境与健康危害表征

使用测试数据质量评估后获得的环境与健康关键效应数据，进行定量环境与健康危害表征。

①环境危害表征

综合考虑各个营养级物种的关键效应数据，采用《化学物质环境与健康危害评估技术导则（试行）》的技术方法推导新化学物质对水环境、沉积物、土壤环境或污水处理厂（STP）微生物环境的预测无效应浓度：

➢ 对于水环境，采用评估系数法或统计外推法推导 $PNEC_{water}$。

➢ 对于沉积物和土壤环境，采用评估系数法或相平衡分配法推导 $PNEC_{sed}$ 和 $PNEC_{soil}$。采用相平衡分配法时，若没有使用方法中相关参数（如湿悬浮物容重、悬浮物中水相的体积比例、沉积物中固相的体积比例等）的推荐默认值，应对参数的取值进行说明。

➢ 对于 STP 微生物环境，采用评估系数法推导 $PNEC_{micro\text{-}organisms}$。

需要注意的是，开展新化学物质的水环境或沉积物危害表征时，主要针对淡水环境及淡水沉积物，可不对海水环境及海水沉积物进行危害表征。

此外，当新化学物质登记提交的有效生态毒理学数据无法支撑获得可靠的 PNEC 值时，申请人可根据提交的生态毒理学数据定性分析与描述新化学物质具有的潜在环境危害性。

②健康危害表征

利用不同健康毒理学终点的关键效应数据，采用危害评估导则中的技术方法进行新化学物质的健康危害表征。

健康危害表征的方法分为有阈值效应的表征和无阈值效应的表征两种方式：

➢ 对于通过阈值作用模式产生毒性效应且能够获得可靠阈值的新化学物质毒理学终点（如生殖/发育毒性、反复染毒毒性、慢性毒性等），采用定量估算每日可耐受摄入量（TDI）的方法进行危害表征。

➢ 对于通过无阈值作用模式产生毒性效应的毒理学终点（如致突变性、遗传毒性、致癌性等），推荐采用线性外推法，根据试验数据建立剂量（浓度）-反应（效应）关系曲线，估算可接受风险概率（默认为 10^{-6}）下新化学物质的虚拟安全剂量（VSD）。

➢ 对于通过阈值作用模式产生毒性效应但是不能获得可靠阈值的毒理学终

点（如刺激性），申请人可根据提交的健康毒理学数据定性分析与描述新化学物质具有的潜在健康危害性。

7.4 新化学物质环境风险评估的中国案例解析——暴露评估

按照《化学物质环境与健康暴露评估技术导则（试行）》要求，根据新化学物质在中国境内的全生命周期阶段，结合物质用途，科学、合理、全面构建排放场景，估算环境排放率，计算得出不同环境对象（如水环境、沉积物等）中化学物质的预测环境浓度（PEC）。基于地表水、地下水、大气和土壤中化学物质的预测环境浓度，估算人体通过饮水、吸入和摄食途径的每日暴露剂量及总暴露剂量。

7.4.1 构建排放场景

根据常规登记申请新化学物质在中国境内生命周期阶段（生产、加工使用、消费使用和废物利用处置）及涉及的用途分别建立排放场景，并对每个排放场景进行详细描述。

（1）生产和加工使用排放场景

应至少包括以下信息：

➢ 生产/使用量和时间。新化学物质或含申请新化学物质的物品年生产量和/或使用量。

➢ 生产使用工艺及"三废"（废气、废水、固体废物）产生情况。包括用于申请新化学物质排放测算的生产和/或使用及"三废"产生的工艺流程、化学反应式等信息。含申请新化学物质的"三废"的产生情况，包括产生环节、产生量与申请新化学物质的含量等，以及测算依据。

➢ 环境风险控制措施。包括废气、废水和/或固体废物的污染控制措施及其对申请新化学物质的去除效率，以及采取的其他环境风险控制措施。相关环境风险控制措施应具有经济技术可行性。

➢ "三废"排放及周边环境。根据实际情况确定是连续排放还是间歇排放。含申请新化学物质的"三废"去向，应说明受纳水体的流量，温度和风速等；含申请新化学物质的废水排入园区污水处理厂或市政污水处理厂的，应包括污水处理厂规模和工艺、对申请新化学物质的去除率，以及污水处理厂的废气、废水、污泥的排放去向和周边环境等信息。

（2）消费使用排放场景

重点考虑申请新化学物质随生活污水直接排放和经 STP 处理后排入环境的情形。鼓励开展消费过程中申请新化学物质向大气和土壤的直接排放估算。

消费使用排放场景描述应至少包括以下信息：

➢ 申请新化学物质用途、用量、含量、使用方式、使用寿命，含申请新化学物质物品的用途及使用时是否释放出申请新化学物质等。

➢ 排放频率模式。默认为连续排放模式。

➢ 排放的时空变异性。如排放地域、人口密度、时间（季节或时间）等对排放峰值的影响。

➢ 污水处理厂规模和工艺、对申请新化学物质的去除率，以及污水处理厂的废气、废水、污泥的排放去向和周边环境等信息。

（3）废物利用处置排放场景

重点考虑含申请新化学物质的工业固体废物、生活垃圾、污泥等利用处置的情形。废物利用处置排放场景描述应至少包括含申请新化学物质的废物利用处置方法和设施等情况。

7.4.2　环境排放率估算

根据构建的排放场景估算环境排放率，并说明估算方法及其依据。环境排放率可基于排放系数法、物料衡算法、实测法和专家评估方法。

工业源通常估算日排放率，需要考虑向环境（水、气）的直接排放，暂不考虑向土壤的直接排放，同时考虑经由 STP 的间接排放。

消费使用源通常估算年均排放率，可将一个 STP 服务区域作为消费使用源进行排放估算。

具有显著环境排放的固体废物处理方法，应进行排放量估算。对于有污泥农用情形的，还应估算申请新化学物质在污泥中的浓度，在污泥预处理过程中的去除率，以及随污泥进入土壤的排放率。

7.4.3　环境暴露评估

环境暴露评估应包括大气、地表水、沉积物、土壤和 STP 微生物，对于可能进入地下水的,也应开展地下水暴露评估。

环境暴露途径主要为:大气和地表水的暴露途径为工业源的直接排放以及 STP 的间接排放;沉积物的暴露途径为水中悬浮物的沉降;土壤的暴露途径为大气的干湿沉降以及污泥农用;STP 微生物暴露途径为 STP 生化反应池;地下水的暴露途径为土壤孔隙水的淋溶。

推荐采用基于标准环境暴露场景的估算模型(包括标准 STP 场景的预测模型),在局部尺度上开展环境暴露浓度估算,可忽略区域背景浓度。

7.4.4 健康暴露评估

人体健康暴露评估主要考虑吸入、饮水、摄食鱼类,并以总暴露量表示。其中,大气和水中申请新化学物质的浓度可基于环境暴露评估结果,鱼体中申请新化学物质的浓度可基于水体浓度和鱼类生物富集因子估算。当有证据表明对敏感人群存在危害效应时,或其他暴露途径显著影响健康暴露量时,也应考虑敏感人群如儿童、孕妇和老人等或其他暴露途径。

7.5 新化学物质环境风险评估的中国案例解析——环境与健康风险表征

按照《化学物质环境与健康风险表征技术导则(试行)》要求,开展环境与健康风险表征。通过将不同环境评估对象中化学物质的 PEC 与 PNEC 进行比较,分别表征化学物质对不同评估对象的环境风险。当无法获得化学物质的 PEC 或 PNEC 值时,采用定性方法表征潜在环境风险。通过比较人体总暴露量与安全阈值(如 TDI)或安全剂量之间的关系,表征化学物质的健康风险。当无法获得化学物质的人体健康安全阈值或安全剂量时,采用定性方法表征潜在人体健康风险。

7.5.1 环境风险表征

对于可以获得水生环境、土壤环境、沉积物环境和污水处理厂微生物等不同保护目标的预测环境浓度(PEC)和对应的 PNEC 的,可采用商值法定量表征不同保护目标的环境风险。计算方法见式(7-1)。

$$\mathrm{RCR_{env}} = \frac{\mathrm{PEC}}{\mathrm{PNEC}} \tag{7-1}$$

式中，$\mathrm{RCR_{env}}$——环境风险表征比率，量纲一；

PEC——预测环境浓度，mg/L；

PNEC——预测无效应浓度，mg/L。

如果 $\mathrm{RCR_{env}} \leqslant 1$，表明未发现化学物质存在不合理环境风险；如果 $\mathrm{RCR_{env}} > 1$，表明化学物质存在不合理环境风险。

针对申请新化学物质的每一个暴露场景、每一种环境评估对象均应开展环境风险表征。经表征有一个暴露场景或一种环境评估对象存在不合理风险的，环境风险表征结果即为存在不合理环境风险。

7.5.2 健康风险表征

对于可以获得对人体不会产生明显不良效应的安全阈值/安全剂量以及暴露量的，可采用商值法定量表征人体健康风险。

当评估的健康效应是生殖/发育毒性、反复染毒毒性、慢性毒性等有阈值的危害效应时，健康风险表征是将经环境暴露人群的暴露量与该健康危害效应的安全阈值进行比较，计算方法见式（7-2）。

$$\mathrm{RCR_{threshold}} = \frac{\mathrm{ADD}}{\mathrm{TDI}} \tag{7-2}$$

式中，$\mathrm{RCR_{threshold}}$——有阈值危害效应的健康风险表征比率，量纲一；

ADD——申请物质的日均暴露量，mg/(kg·d)；

TDI——有阈值危害效应的健康毒理学终点的每日可耐受摄入量，mg/(kg·d)。

如果 $\mathrm{RCR_{threshold}} < 1$，表明未发现化学物质存在不合理健康风险；如果 $\mathrm{RCR_{threshold}} \geqslant 1$，表明化学物质存在不合理健康风险。

当评估的健康效应是致突变性、遗传毒性致癌性等无阈值的危害效应时，将经环境暴露的人群的暴露量与无阈值的危害效应的安全剂量进行比较，计算方法见式（7-3）。

$$\mathrm{RCR_{non-threshold}} = \frac{\mathrm{ADD}}{\mathrm{VSD}} \tag{7-3}$$

式中，$\mathrm{RCR_{non-threshold}}$——无阈值危害效应的健康风险表征比率，量纲一；

ADD——申请物质的日均暴露量，mg/(kg·d);

VSD——无阈值效应的健康毒理学终点在给定的可接受风险概率下推导产生的安全剂量，mg/(kg·d)。

如果 $RCR_{threshold} < 1$，表明风险控制在可接受风险概率水平；如果 $RCR_{threshold} \geq 1$，表明风险尚未控制到可接受风险概率水平。

当同一健康危害效应，可能存在多种暴露途径同时作用的情形，应对该健康危害效应涉及的总体健康风险进行表征，通常以该健康危害效应不同暴露途径的健康风险表征比率之和表示，计算方法见式（7-4）。

$$RCR_T = \sum RCR_i \tag{7-4}$$

式中，RCR_T——吸入、摄食土壤、饮水或摄食等多种暴露途径同时作用导致特定毒理学终点的健康风险表征比率；

RCR_i——吸入、摄食土壤、饮水或摄食中某一种途径暴露导致的特定毒理学终点的健康风险表征比率。

对于不同暴露场景、不同健康危害效应终点，应当分别开展健康风险表征。经表征有一个暴露场景下经不同暴露途径或多种暴露途径同时暴露的一种健康危害效应的风险尚未控制到可接受风险概率水平，健康风险表征结果即为存在不合理健康风险；风险控制在可接受风险概率水平的，健康风险表征结果即为未发现化学物质存在不合理健康风险。

7.5.3 不确定性分析

在完成风险表征后，应识别危害评估、暴露评估和风险表征等环节的主要不确定来源，逐一分析不确定性影响的方向和程度，综合分析各不确定性来源对评估结果的叠加影响，并得出是否高估或者低估评估结果以及评估结果是否可靠的分析结论。

7.5.4 评估结论

（1）结论类型

环境风险评估或者健康风险评估的结论为存在不合理风险的，评估结论为存在不合理环境风险。高危害化学物质的常规登记申请还需要提交社会经济效益分析报告，论证活动的必要性。

生态环境部化学物质环境风险评估专家委员会对常规登记申请材料进行技术评审，由化学与化工、健康、环境、经济（适用于高危害新化学物质）、政策领域方面的专家进行综合评估，得出技术评审意见，涉及以下三种结论：

一是认为未发现不合理环境风险的，且符合高危害化学物质申请活动必要性的，建议登记，提出需要关注的环境风险控制措施和环境管理要求的建议。

二是认为发现不合理环境风险，或不符合高危害化学物质申请活动必要性的，建议不予登记。

三是认为申请材料不符合要求，或者不足以对新化学物质的环境风险做出全面评估的，或者信息保护的必要性说明不充分的，如果是高危害化学物质，社会经济效益分析报告不足以论证活动必要性的，建议申请人补充材料。

针对技术评审建议登记和不予登记的常规登记新化学物质，生态环境部所属化学物质环境管理技术机构将技术评审意见报送生态环境部审查。经审查，认为未发现不合理环境风险，且符合高危害化学物质申请活动必要性的，公示后无异议的，予以登记，生态环境部核发常规登记证；认为发现不合理环境风险的，或者不符合高危害化学物质申请活动必要性的，不予登记，生态环境部书面通知申请人并说明理由。

（2）管控措施

12号令通过聚焦环境风险，突出管控重点，加强了对高危害新化学物质以及具有持久性和生物累积性，或者具有持久性和毒性，或者具有生物累积性和毒性物质的环境风险管控。根据环境风险评估结论，采用禁止、限制或关注等措施对新化学物质的生产或进口活动的环境风险进行管控。

一是结合环境风险评估和高危害化学物质经济社会效益分析，针对发现具有不合理环境风险或不符合高危害化学物质申请活动必要性的新化学物质，不予登记，禁止进入经济社会。

二是针对未发现不合理环境风险，但具有持久性和生物累积性，或者具有持久性和毒性，或者具有生物累积性和毒性的新化学物质，要求申请人提交年度活动报告，列入《中国现有化学物质名录》时实施新用途环境管理登记，限定排放量或排放浓度等一项或多项环境管理要求，对新化学物质进入经济社会的活动进行有条件限制。

三是要求新化学物质的研究者、生产者、进口者和加工使用者发现新化学物质有新的环境或者健康危害特性或者环境风险的，应当向生态环境部提交新危害信息报告。生态环境部根据全国新化学物质环境管理登记情况、实际生产或者进口情况，以及新发现的环境或者健康危害特性等，对环境风险可能持续增加的新化学物质，可以要求相关研究者、生产者、进口者和加工使用者，进一步提交相关环境或者健康危害、环境暴露数据信息。生态环境部进行技术评审，根据评估结论依法变更或撤回相关登记证。

附录 1　美国 2020 年 CDR 报告表

附表 1-1　初级表格 U

2020 美国化学物质数据报告 初级表格 U 表格 U 2020 ![EPA]	美国环保局 华盛顿特区 20460 化学物质数据报告 地点报告 （有毒物质控制法 8（a） U.S.C. 2607（a））	文件包括：	
		提交原件	
		提交修改件	
		制造商	X
		联合提交-作为初级提交人	
		共同制造商提交-作为合同方	
		共同制造商提交-作为生产方	

提交日期：		修改日期：	

CDR 声明

根据法律规定，我声明，本文件是在我的监督下使用制定系统编制完成的，确保合格人员正确收集和评估所提交信息。根据我对管理系统人员或直接负责收集信息人员的询问，就我所知所信，提交的信息是真实、准确和完整的。我知道，提交虚假信息会受到严重惩罚，包括知道违规行为可能被罚款和监禁。

TSCA 机密信息声明

我声明，本文件中提出的所有保密声明均真实无误，且为证实声明而提交的所有信息均真实无误。根据《美国法典》第 18 卷第 1001 节，任何虚假陈述都将受到刑事处罚。
本人进一步声明：
i. 我已采取合理措施保护信息的机密性；
ii. 本人已确定，根据任何其他联邦法律，无须披露或以其他方式向公众提供该信息；
iii. 我有合理的依据得出结论，披露有关信息可能会对我公司的竞争地位造成重大损害；和
iv. 我有合理的理由相信，通过逆向工程无法轻易发现信息。

授权官员签字		姓名（印刷体）	
签署日期		电子邮箱地址	
官方信息提交			
授权人员姓名			CBI
公司名称		职位	
电子邮件地址		电话号码	
通信地址 1			
通信地址 2			

城市		州	
邮政编码		国家	

第一部分 公司和场所信息

A.1 国内母公司信息

公司名称		公司类型		国内母公司	
邓白氏编码					
通信地址 1					
通信地址 2		城市			
州		县/教区			
邮政编码		国家		美国	

A.2 境外公司信息

境外公司名称		公司类别		境外公司	
境外公司邓白氏编码					
境外公司地址					
境外公司地址 2		境外城市			
国家/省/其他		境外县/教区			
境外邮政编码	~	境外国家名称			

B. 场所信息

EPA 注册 ID		项目 ID	
场所名称		邓白氏编码	
场所地址 1			
场所地址 2		城市	
州		县/教区	
邮政编码		国家	

北美行业分类系统（NAICS）代码

NAICS 代码	活动分类
111120 油籽（大豆除外）种植	进口
111333 草莓种植	制造
111130 干豌豆和豆类种植	两者都有

第二部分 化学物质信息

A. 化学物质确认

化学品名称		化学品识别号	
ID 码		化学品别名	

A.1 与识别化学品相关的机密商业信息

公司信息保密：	场所信息保密：	技术联系信息保密：

当化学品识别号为 ACCNO 时，显示下列信息之一：

- 我希望保留对化学品特性保密的已有声明，如 TSCA 清单中所列的保密部分。
- 我希望不保留对化学品特性保密的已有声明，如 TSCA 清单中所列的保密部分。

B. 技术联系信息			
联系人姓名		公司名称	
电话号码		电子邮件地址	
通信地址 1		通信地址 2	
城市		州	
邮政编码		国家	

C. 制造信息	
非主要报告年产量信息	CBI
2018 年	
2017 年	
2016 年	

C.1 制造公司					
2019 年产量和相关信息报告		CBI			CBI
活动	制造:		活动	进口:	
国内制造			进口		
进口化学品从未在场所实际使用			场所使用量		
出口量			作为副产品生产占全部产量（重量）的百分比/%		
暴露相关信息报告		CBI			CBI
工人人数			最大浓度		
该化学品是否被回收利用？					

2019 年实际产量报告				
类型		CBI	产量百分比	CBI
干粉				
颗粒或大结晶				
水或溶剂湿固体				
其他固体				
气体或蒸气				
液体				
未知或合理可确认（NKRA）				

D. 加工和使用信息			
D.1 工业加工和使用			
加工和使用信息		CBI	CBI
加工或使用类型		部门	
功能分类		功能分类（其他）	

产量百分比			场所数量		
工人人数					
D2.消费者和商业使用					
产品分类信息			CBI		CBI
产品分类			功能分类		
消费品或商用			用于儿童产品		
产量百分比			最大浓度		
合理可能接触的商业工人人数					

第三部分 商业机密信息证实

在提交化学物质报告时，该化学物质名称在主库存文件（MIF）中被视为机密时，个人才可就§7 11.15（b）(3)所述的化学物质的特定名称进行保密声明。通用化学标识和登记号码不作为机密进行声明。为了保证报告化学物质的机密性，您必须在提交报告时一并提交对第（b）款问题和以下问题的详细书面回答。

适用于化学物质名称的证明问题	是	否	CBI
1.这种化学物质在美国贸易中是否被公开（包括你们的竞争对手）？如果是，请解释为何该化学物质名称仍需要保密（例如，该化学品仅以用于研发目的的商业销售而被公开）。如果否，请填写认证声明：我证明在引用日期，在互联网上进行化学物质名称标识（通过化学物质名称和CASRN）搜索。我没有找到关于这种化学物质的参考资料，以表明该化学物质正在美国被任何人用于商业目的制造或进口。			
说明：			
日期：			
2.该特定化学物质（包括进口）是否以任何形式（如产品、废水、废气）离开生产场所？如果是，请说明所采取的措施防止其名称被发现。			
说明：			
3.如果化学物质以公众或竞争对手可获知的形式离开生产场所，根据现有技术以及与此类技术相关的任何成本、困难或限制条件，通过对该物质（如产品、废水、废气）的分析，是否可以很容易地发现其化学特征？请解释原因。			
说明：			
4.特定化学品名称的披露是否会泄露机密工艺信息？如果是，请解释。			
说明：			

适用于所有机密商业信息的证明问题	是	否	CBI
1.披露被称为机密的信息是否可能对贵公司的竞争地位造成实质性损害？如果您回答是，请描述如果信息被披露可能会对您的竞争地位造成的实质性的有害影响，包括竞争对手如何使用此类信息，以及信息披露与有害影响之间的因果关系。			

说明：		
2.在您的企业已向他人（包括内部和外部）披露信息的情况下，您的企业是否已采取预防措施来保护所披露信息的机密性？如果是，请解释并确定贵公司为保护机密信息而采取的具体措施或内部控制措施。		
说明：		
3.A.根据任何其他联邦法律，是否需要公开披露任何声称为机密的信息？如果是，请解释。		
说明：		
3.B.任何声称为机密的信息是否以其他方式出现在任何公开文件中，包括（但不限于）安全数据表、广告或宣传材料、专业或行业出版物，州、地方或联邦机构文件，或公众可获得的任何其他媒体或出版物？如果是，请解释为什么信息应被视为机密。		
说明：		
3.C.专利或专利申请中是否出现任何声称为机密的信息？如果是，请提供相关专利号，并解释为什么该信息应被视为机密信息。		
说明：		
4.声称为机密的任何信息是否构成商业秘密？如果是，请解释机密信息如何构成商业秘密。		
说明：		
5.保密声明是否计划少于10年（见TSCA第14（e）（1）（B）条）？如果是，请说明年数（1~10年）或具体日期。		
说明：		
6.EPA、其他联邦机构或法院是否对与该化学物质相关的信息做出了保密决定？如果是，请提供与先前决定相关的情况、是否发现该信息有权得到保密处理、做出决定的实体以及决定日期。		
说明：		

附表1-2　次级表格U

2020美国化学物质数据报告 次级表格U 表格U 2020 EPA	美国环保局 华盛顿特区 20460 化学物质数据报告 地点报告 （有毒物质控制法 8（a） U.S.C. 2607（a））	文件包括：	
		提交原件	
		提交修改件	
		二级或三级提交	X
		通知三级提交	
提交日期		修改日期	

CDR 声明

根据法律规定，我声明，本文件是在我的监督下使用制定系统编制完成的，确保合格人员正确收集和评估所提交信息。根据我对管理系统人员或直接负责收集信息人员的询问，就我所知所信，提交的信息是真实、准确和完整的。我知道，提交虚假信息会受到严重惩罚，包括知道违规行为可能被罚款和监禁。

TSCA 机密信息声明

我声明，本文件中提出的所有保密声明均真实无误，且为证实声明而提交的所有信息均真实无误。根据《美国法典》第18卷第1001节，任何虚假陈述都将受到刑事处罚。

本人进一步声明：

我已采取合理措施保护信息的机密性；

本人已确定，根据任何其他联邦法律，无须披露或以其他方式向公众提供该信息；

我有合理的依据得出结论，披露有关信息可能会对我公司的竞争地位造成重大损害；

我有合理的理由相信，通过逆向工程无法轻易发现信息。

授权人员签字		姓名（印刷体）	
签署日期		电子邮箱地址	
官方信息提交			CBI
授权人员姓名			
公司名称		职位	
电子邮件地址		电话号码	
通信地址1		通信地址2	
城市		州	
邮政编码			
第一部分　二级公司信息			
二级公司名称		二级公司地址	
二级公司地址2		二级公司所在城市	
二级公司所在县/教区		二级公司所在州/省/其他	
二级公司邮政编码		二级公司所属国家	
第二部分　产品贸易信息			
A.产品贸易信息			CBI

附录1
美国 2020 年 CDR 报告表

商品名称或提供的公司商品名称			
A.1 化学物质确认			CBI
化学名称/通用名		保持信息机密？	
化学品识别号		组成成分/%	
功能分类			
功能分类（其他）：			
成分表含有不需报告物质？			
其他信息			
A.2 初级公司信息			CBI
母公司		场所地址	
场所通信地址		关系是否保密？	
B. 技术联系信息			CBI
技术联系信息是否保密？			
联系人姓名		公司名称	
电话号码		电子邮件地址	
通信地址 1		通信地址 2	
城市		州	
邮政编码		国家	
第三部分 商业机密信息证实			

在提交化学物质报告时，该化学物质名称在主库存文件（MIF）中被视为机密时，个人才可就§7 11.15（b）（3）所述的化学物质的特定名称进行保密声明。通用化学标识和登记号码不作为机密进行声明。为了保证报告化学物质的机密性，您必须在提交报告时一并提交对第（b）款问题和以下问题的详细书面回答。

适用于化学物质名称的证明问题	是	否	CBI
1. 这种化学物质在美国贸易中是否被公开（包括你们的竞争对手）？如果是，请解释为何该化学物质名称仍需要保密（例如，该化学品仅以用于研发目的的商业销售而被公开）。如果没有，请填写认证声明：我证明在引用日期，在互联网上进行化学物质名称标识（通过化学物质名称和 CASRN）搜索。我没有找到关于这种化学物质的参考资料，以表明该化学物质正在美国被任何人用于商业目的的制造或进口。			
说明：			
日期：			
2.该特定化学物质（包括进口）是否以任何形式（如产品、废水、废气）离开生产场所？如果是，请说明所采取的措施防止其名称被发现。			
说明：			
3.如果化学物质以公众或竞争对手可获知的形式离开生产场所，根据现有技术以及与此类技术相关的任何成本、困难或限制条件，通过对该物质（如产品、废水、废气）的分析，是否可以很容易地发现其化学特征？请解释原因。			

说明:			
4.特定化学品名称的披露是否会泄露机密工艺信息？如果是，请解释。			
说明:			
适用于所有机密商业信息的证明问题	**是**	**否**	**CBI**
1.披露被称为机密的信息是否可能对贵公司的竞争地位造成实质性损害？如果您回答是，请描述如果信息被披露可能会对您的竞争地位造成的实质性的有害影响，包括竞争对手如何使用此类信息，以及信息披露与有害影响之间的因果关系。			
说明:			
2.在您的企业已向他人（包括内部和外部）披露信息的情况下，您的企业是否已采取预防措施来保护所披露信息的机密性？如果是，请解释并确定贵公司为保护机密信息而采取的具体措施或内部控制措施。			
说明:			
3.A.根据任何其他联邦法律，是否需要公开披露任何声称为机密的信息？如果是，请解释。			
说明:			
3.B.任何声称为机密的信息是否以其他方式出现在任何公开文件中，包括（但不限于）安全数据表、广告或宣传材料、专业或行业出版物、州、地方或联邦机构文件，或公众可获得的任何其他媒体或出版物？如果是，请解释为什么信息应被视为机密。			
说明:			
3.C.专利或专利申请中是否出现任何声称为机密的信息？如果是，请提供相关专利号，并解释为什么该信息应被视为机密信息。			
说明:			
4.声称为机密的任何信息是否构成商业秘密？如果是，请解释机密信息如何构成商业秘密。			
说明:			
5.保密声明是否计划少于10年（见TSCA第14（e）（1）（B）条）？如果是，请说明年数（1~10年）或具体日期。			
说明:			
6.EPA、其他联邦机构或法院是否对与该化学物质相关的信息做出了保密决定？如果是，请提供与先前决定相关的情况、是否发现该信息有权得到保密处理、做出决定的实体以及决定日期。			
说明:			

附录 2　日本化学物质申报表

附表 2-1　一般化学品生产量等的申报书

提交日期	年　月　日
提交对象	经济产业大臣　阁下
1.申报人姓名和地址	
申报人姓名或法人姓名	（盖章）
申报人地址	
申报人代码或申报人整理的代码	□□□□□□□
2.生产量、进口量及发货量	
（1）化学品名称等	
化学物质名称	
公报整理代码	□-□□□□
其他代码	□□□□□□□□-□□-□
是否属于高分子化合物	□（属于画〇）

备注
1. 用纸尺寸应为日本工业规格 A4 大小。
2. 申报人等的代码，为依据《关于经济产业省相关化学品审查及生产等监管的法律实施条例》第 21 条第 2 款的规定事先授予的代码。
3. 可以用本人（为法人时为其法人代表）签字代替填写姓名（为法人时为其法人代表的姓名）和盖章。
4. 如为法人，应当在申报书末尾填写该申报的相关负责部门、负责人姓名及联系方式。
5. 发货量不包括同一企业内的自行消费数量。
6. 填写单位为 t，填写 1 位有效数字。此外，四舍五入前的数量在 1.0 t 以上的为申报对象。
7. 申报人等的整理代码、公报整理代码、其他代码、是否属于高分子化合物及用途代码，参考填写要领。
8. 在用途代码栏中填写了填写要领所列举的用途中的 "98（其他）" 时，具体用途栏应填写具体的用途名称。
9. 可以附具写有已获得的申报对象物质相关的新信息及其生产、用途、进口等情况的参考事项的文件。

(2) 生产量、进口量及发货量/t

年度总计生产量	□□ 年度实际值		年度总计进口量	
发货量		发货所涉及的用途代码	□□	具体用途
发货量		发货所涉及的用途代码	□□	具体用途
发货量		发货所涉及的用途代码	□□	具体用途
发货量		发货所涉及的用途代码	□□	具体用途
发货量		发货所涉及的用途代码	□□	具体用途
发货量		发货所涉及的用途代码	□□	具体用途
发货量		发货所涉及的用途代码	□□	具体用途
发货量		发货所涉及的用途代码	□□	具体用途
发货量		发货所涉及的用途代码	□□	具体用途
发货量		发货所涉及的用途代码	□□	具体用途
发货量		发货所涉及的用途代码	□□	具体用途
发货量		发货所涉及的用途代码	□□	具体用途
发货量		发货所涉及的用途代码	□□	具体用途
发货量		发货所涉及的用途代码	□□	具体用途
发货量		发货所涉及的用途代码	□□	具体用途
年度合计				

附表 2-2　优先评价化学品生产量等的申报书

提交日期		年　　月　　日
提交对象	经济产业大臣　阁下	
1.申报人姓名和地址		
申报人姓名或法人姓名	（盖章）	
申报人地址		
申报人代码或申报人整理的代码	☐☐☐☐☐☐☐	

备注
1. 用纸尺寸应为日本工业规格 A4 大小。
2. 申报人等的代码，为依据《关于经济产业省相关化学品审查及生产等监管的法律实施条例》第 21 条第 2 款的规定事先授予的代码。
3. 可以用本人（为法人时为其法人代表）签字代替填写姓名（为法人时为其法人代表的姓名）和盖章。
4. 如为法人，应当在申报书末尾填写该申报的相关负责部门、负责人姓名及联系方式。
5. 发货量不包括同一企业内的自行消费数量。
6. 填写单位为 t，填写 1 位有效数字。此外，四舍五入前的数量在 1.0 t 以上的为申报对象。
7. 申报人等的整理代码、公报整理代码、其他代码、是否属于高分子化合物及用途代码，参考填写要领。
8. 在用途代码栏中填写了填写要领所列举的用途中的"98（其他）"时，具体用途栏应填写具体的用途名称。
9. 可以附具写有已获得的申报对象物质相关的新信息及其生产、用途、进口等情况的参考事项的文件。

2. 生产量、进口量及发货量

(1) 化学品名称等

化学物质名称	
物质管理代码	☐☐☐☐☐-☐☐
公报整理代码	☐-☐☐☐☐
其他代码	☐☐☐☐☐☐☐-☐☐-☐
是否属于高分子化合物	☐（属于画〇）

(2) 生产量、进口量及发货量/t

☐☐ 年度实际值

年度生产量		年度进口量		年度发货量	

3. 化学品的生产等

(1) 从事生产的地址名称及所在地	

(2) 生产该化学品的各都道府县的生产量或各进口国家和地区的进口量

都道府县代码	生产量/t	国家和地区代码	进口量/t
□□□		□□□	
□□□		□□□	
□□□		□□□	
□□□		□□□	
□□□		□□□	

(3) 各都道府县（或各国家、地区）及各用途发货量

都道府县代码	用途代码	具体用途	发货量/t
□□□	□□-□		
□□□	□□-□		
□□□	□□-□		
□□□	□□-□		
□□□	□□-□		
□□□	□□-□		
合计			

附表 2-3 监控化学品等生产量等的申报书

提交日期	年　月　日	
提交对象	经济产业大臣 阁下	
1.化学品的分类及申报人的姓名和地址		
化学品的分类及使用条款（请在相应的项目上画○）	（1）监控化学品（法第 13 条第 1 款）	□
	（2）二类特定化学品（法第 35 条第 6 款）	□
	（3）使用二类特定化学品的产品（法第 35 条第 6 款） 注：二类特定化学品或使用二类特定化学品的产品下一年度预计量或变更申报数量，按照格式 14 另行报告	□
申报人姓名或法人姓名	（盖章）	
申报人地址		
申报人代码或申报人整理的代码	□□□□□□□	

备注

1. 用纸尺寸应为日本工业规格 A4 大小。
2. 申报人等的代码，为依据《关于经济产业省相关化学品审查及生产等监管的法律实施条例》第 21 条第 2 款的规定事先授予的代码。
3. 可以用本人（为法人时为其法人代表）签字代替填写姓名（为法人时为其法人代表的姓名）和盖章。
4. 如为法人，应当在申报书末尾填写该申报的相关负责部门、负责人姓名及联系方式。
5. 发货量不包括同一企业内的自行消费数量。
6. 填写单位为 t，填写 1 位有效数字。此外，四舍五入前的数量在 1.0 t 以上的为申报对象。
7. 申报人等的整理代码、公报整理编号、其他编号、都道府县编号、国家及地区编号及用途编号，参考填写要领。
8. 在用途代码栏中填写了填写要领所列举的用途中的"98（其他）"时，具体用途栏应填写具体的用途名称。
9. 可以附具写有已获得的申报对象物质相关的新信息及其生产、用途、进口等情况的参考事项的文件。

2.生产量、进口量及发货量（实际值报告）

（1）化学品名称等

化学物质名称	
物质管理代码	□□□□□-□□
公报整理代码	□-□□□□
其他代码	□□□□□□□□-□□-□

（2）生产量、进口量及发货量/kg

□□ 年度实际值		
年度生产量	年度进口量	年度发货量

3.化学品的生产等

（1）从事生产的地址名称及所在地	

（2）生产该化学品的各都道府县的生产量或各进口国家和地区的进口量
注：包括使用二类特定化学品的产品的进口量

都道府县代码	生产量/kg	国家和地区代码	进口量/kg
□□□		□□□	
□□□		□□□	
□□□		□□□	
□□□		□□□	
□□□		□□□	

（3）各都道府县（或各国家、地区）及各用途发货量

都道府县代码	用途代码	具体用途	发货量/kg
□□□	□□-□		
□□□	□□-□		
□□□	□□-□		
□□□	□□-□		
□□□	□□-□		
□□□	□□-□		
□□□	□□-□		
	合计		

附表 2-4　第二类特定化学物质预计生产（进口）量申报书或变更申报书

提交日期	年　　月　　日	
提交对象	经济产业大臣　阁下	
1.化学品的分类及申报人的姓名和地址		
化学品的分类及使用条款（请在相应的项目上画〇）	（1）二类特定化学品预计生产（进口）量申报书（法第 35 条第 1 款）	□
	（2）使用二类特定化学品的产品预计进口量申报书（法第 35 条第 1 款）	□
	（3）二类特定化学品预计生产（进口）量变更申报书（法第 35 条第 2 款）	□
	（4）使用二类特定化学品的产品预计进口量变更申报书（法第 35 条第 2 款）	□
申报人姓名或法人姓名	（盖章）	
申报人地址		
申报人代码或申报人整理的代码	□□□□□□□□	

备注

1. 用纸尺寸应为日本工业规格 A4 大小。
2. 申报人等的代码，为依据《关于经济产业省相关化学品审查及生产等监管的法律实施条例》第 21 条第 2 款的规定事先授予的代码。
3. 可以用本人（为法人时为其法人代表）签字代替填写姓名（为法人时为其法人代表的姓名）和盖章。
4. 如为法人，应当在申报书末尾填写该申报的相关负责部门、负责人姓名及联系方式。
5. 发货量不包括同一企业内的自行消费数量。此外，此时应将自行消费的事业所在的都道府县作为发货目的地填写其数量。
6. 拟进口使用二类特定化学品的产品时，应在 2.（2）及 4.各栏中填写含有二类特定化学品的数量。
7. 填写单位为 kg，小数点以下四舍五入后填写。此外，四舍五入前的数量在 1.0 kg 以上的，为申报对象。
8. 物质名称填写二类特定化学品的名称或使用二类特定化学品的产品的名称及该产品所含有的二类特定化学品的名称。
9. 可以附具写有已获得的申报对象物质相关的新信息及其生产、用途、进口等情况的参考事项的文件。
10. 申报人等的整理代码、物质管理编号、公报整理编号及用途编号，参考填写要领。
11. 在用途代码栏中填写了填写要领所列举的用途中的"98（其他）"时，具体用途栏应填写具体的用途名称。

2. 预计生产量、预计进口量或预计发货量
（如为法第 35 条第 2 款的情况，填写变更后的数量）

(1) 二类特定化学品等的名称	
化学物质名称	
物质管理代码	□□□□□-□□
公报整理代码	□-□□□□

(2) 预计生产量、预计进口量或预计发货量/kg

□□ 年度					
年度预计生产量		年度预计进口量		年度预计发货量	

3. 预计生产二类特定化学品的生产等的生产地址及所在地

(1) 从事生产的地址名称	
(2) 所在地（预计进口时填写生产国或地区名称）	

4. 二类特定化学品或使用二类特定化学品的产品的各用途预计发货量

用途编号	在发货目的地的具体用途	预计发货量/kg
□□-□		
□□-□		
□□-□		
□□-□		
□□-□		
□□-□		
□□-□		
合计		

附录 3 韩国 2019 年化学物质统计调查表

附表 3-1 韩国化学物质统计调查表

申请表 1：一般事项

					编制日期	年　月　日
(1)	企业名称	(2)	代表人	(3)	事业者登记号	
(4)	企业地址			(5)	管辖环境厅	
(6)	行业类型	(7)	从业人数	(8)	年销售额	亿元
(9)	占地面积					m²
(10)	工业园区	(11)	农业和工业用地	(12)	流入水系名称	
(13)	上游水源保护区名称	⑮	(14)	水质保护特殊地区名称	(15)	大气保护特殊地区名称 □庆南 蔚山 尾浦 温山工业园区 □全南 丽川 国家工业园区 □无 □八堂 I 圈域 II 圈域 □大青 I 圈域 □八堂 I 圈域 II 圈域 □大青 II 圈域 □无
(16)	排放设施种类	废气（恶臭）排放设施（）种		废水排放设施（）种		无
(17)	化学物质使用设施种类、位置及规模	填写附表 2			(18) 紧急联系网	公司内　　电话
(19)	化学事故预防预案	防灭药品	□砂 □熟石灰 □烧碱 □碳酸苏打 □其他	防灭装备	□灭火装备 □防护用具装备 □吸附布 □其他	
	工作部门	电话（传真）		手机（E-mail）	职位	姓名	签字
审批		（　　）		（　　）			
编制者		（　　）		（　　）			
审核者							

注：因编制者姓名、电话、E-mail 等信息登记错误，造成统计调查表确认、化学物质信息公开事前确认等相关信息表取延误的，由企业自己负责。

申请表2：产品活动现状

产品分类	编号	产品名（商品名）	用途	产品组成	产品形态	年入库量 (t/a)			年出库量 (t/a)				是否包含纳米物质	保管、存储设施现状		
						生产	进口	购买	转移	使用	销售	出库存	损失/废弃		保管、存储形态	最大规模（总量/t）	设施数量/个
生产（或进口）化学产品	1-1			□单一物质 □混合物	□固体 □液体 □气体									□生产 □进口 □无 □未知	□保管设施（仓库等） □存储设施（储罐等） □无		
生产（或进口）化学产品	2-1			□单一物质 □混合物	□固体 □液体 □气体									□生产 □进口 □无 □未知	□保管设施（仓库等） □存储设施（储罐等） □无		
生产（或进口）化学产品	3-1			□单一物质 □混合物	□固体 □液体 □气体									□生产 □进口 □无 □未知	□保管设施（仓库等） □存储设施（储罐等） □无		
生产（或进口）化学产品	4-1			□单一物质 □混合物	□固体 □液体 □气体									□生产 □进口 □无 □未知	□保管设施（仓库等） □存储设施（储罐等） □无		

注：①购买、销售量均作为对象。
②纳米物质，是指三维外形尺寸中最少有一维以上在纳米大小（1～100 nm）范围内的初级粒子或在比表面积 60 m²/am³ 以上且有意生产。
③是否包含纳米物质：生产（国内有意生产纳米物质情形），进口（标签等明示为纳米物质，进口该类物质情形），无（不含纳米物质情形），未知（无法确认是否含有纳米物质）。

附件 1：组成成分信息

编号	产品名（商品名）	编制依据	编号	组成成分			产品制造分类
				物质名称	CAS 号	纯度或含量/%	
1-1		□生产者发行成分明细 □MSDS □测试报告 □其他 □无资料	1-1-1				□合成、分离、提取、萃取 □混合、其他
			1-1-2				□合成、分离、提取、萃取 □混合、其他
1-2		□生产者发行成分明细 □MSDS □测试报告 □其他 □无资料	1-2-1				□合成、分离、提取、萃取 □混合、其他
			1-2-2				□合成、分离、提取、萃取 □混合、其他
1-3		□生产者发行成分明细 □MSDS □测试报告 □其他 □无资料	1-3-1				□合成、分离、提取、萃取 □混合、其他
			1-3-2				□合成、分离、提取、萃取 □混合、其他

注："纯度或含量/%"是指重量百分比（%）。

附件 2：成分持有者信息

编号	产品名（商品名）	成分持有者信息							未记载事由（1）～（3）
		商号	事业者登记号	地址	负责部门	负责人	电话	E-mail	
1-1									
1-2									
1-3									

注：编制对象：进口或购买后，但因为未能获取成分明细，无法编制（附件1）组成成分信息或不充分时，选择以下为记载事项中的1项，并记录成分持有者信息。
（1）国内第三方持有成分组成；
（2）不提供产品及化学物质的组成成分比（含量，%）；
（3）未能从生产者获取成分组成。

附表 3-2　韩国化学物质统计调查 简易调查表

调查年度			年		
企业名称			行业分类		
代表					
企业地址					
事业者登记号					
负责人（编制人）	工作部门				
	联络处	办公室：			
	职位				
	姓名				
	E-mail				

豁免事由					
	物质	化学物质名称	CAS	进口量/（t/a）	出口量/（t/a）
□使用量规定以下	化学物质（1 t/a）				
	有害化学物质（100 kg/a）				
□不使用化学物质					
□其他（停业、休业、破产等）					

*选择豁免事由，必须提供能证明相关事实的资料。
根据化学物质控制法第 10 条第 1 项规定，确认本调查申请表的记载事项与事实无不符情形。

区分	姓名	盖章（署名）	署名日期	或	企业名称（公章）
编制者					*写上企业名称并盖章后，扫描以附件形式添加
代表